Hans-Jürgen Kratz

AUS FEHLERN WIRD MAN GUT

Hans-Jürgen Kratz

AUS FEHLERN WIRD MAN GUT

Warum Irren menschlich ist
und was Führungskräfte daraus
lernen können

Bibliografische Information der Deutschen Nationalbibliothek
Die Deutsche Nationalbibliothek verzeichnet diese Publikation in der Deutschen Nationalbibliografie; detaillierte bibliografische Daten sind im Internet über *www.dnb.de* abrufbar.

metro**politan** – ein Imprint des Walhalla Fachverlags
www.metropolitan.de

1. Auflage 2021

Produktion: Walhalla Fachverlag, Regensburg
Printed in Germany
ISBN 978-3-96186-052-4

Inhalt

Zeit für eine neue Fehlerkultur

Von Kindheit an lernten wir, dass Fehler mit unangenehmen Konsequenzen verbunden sind und häufig in Form von Schuldzuweisungen und im schlimmsten Fall mit Bestrafung oder Schikane geahndet werden. Wenig verwunderlich ist daher, dass Fehler mit einigen Allgemeinplätzen im Gedächtnis gespeichert werden, zum Beispiel:

- Fehler sind schädlich.
- Fehler müssen unbedingt vermieden werden.
- Nur Dummköpfe machen Fehler.
- Fehler lassen die eigene Unzulänglichkeit erkennen.
- Da Fehler bestraft werden, sind sie besser zu verschweigen.

Die negative Assoziation von Fehlern setzte sich zumeist im Berufsleben fort, wo manche Fehler unserem Image Schaden zufügten und unser berufliches Weiterkommen behinderten.

Ist es dann nach manchen leidvollen Erfahrungen verwunderlich, wenn Fehler als Teufelswerk angesehen werden, dem man durch Vertuschen, Leugnen, Kleinreden oder Abstreiten aus dem Weg gehen sollte?

Doch nicht jeder Berufstätige kann sich von jetzt auf gleich einer konstruktiven Fehlerbewertung anschließen, weil eigene Erfahrungen das Positive und Gute in einem Fehler ausblenden. Dafür ist zuerst eine Neubewertung von Fehlern notwendig, um die Erkenntnis zu gewinnen, dass Fehler einen Neuanfang mit besseren Ergebnissen ermöglichen. Werden die in Fehlern schlummernden Alternativen und Entwicklungspotenziale genutzt, erschließen sich viele Vorteile, so zum Beispiel:

- Was nicht funktioniert, wird offensichtlich.
- Hinderliche Strukturen werden deutlich.
- Eigene Schwächen oder Schwächen des Teams sind nicht mehr zu übersehen.

- Tiefer liegende Probleme treten hervor und verlangen eine Lösung.
- Ungenaue, unterschiedlich interpretierte Ziele, Weisungen oder Umsetzungsschritte werden modifiziert.

Trotzdem ist der Mensch über ihm zuzuordnende Fehler nicht glücklich, insbesondere nicht, wenn sie im Betrieb mit einem negativen Vorzeichen publik werden. Schließlich kratzt jeder Fehler an seinem Ego – und wer hat das schon gern?

Auch eine veränderte Fehlerbewertung darf keinesfalls ein Ziel ausblenden:

Die Fehlerzahl muss verringert und eine deutliche Reduzierung folgenschwerer Fehler erreicht werden.

Die Vorgehensweise ist hierbei entscheidend, wobei die oben genannten Vorteile nur durch eine konstruktive Fehlerkultur zu erreichen sind.

Mit diversen nützlichen Denkanstößen und Erfolg versprechenden Handreichungen wendet sich dieses Buch in erster Linie an Führungskräfte und Personalverantwortliche. Diese haben es vorrangig in der Hand, das Konzept einer konstruktiven Fehlerkultur in ihrem Betrieb vorzuleben und zu verwirklichen. Diese Personen nehmen oft nicht nur als Vorgesetzte Führungsverantwortung wahr, sondern sind gleichzeitig auch Mitarbeiter des nächsthöheren Vorgesetzten. Deshalb berücksichtigen viele Ausführungen dieses Buches nicht nur die Sichtweise des Vorgesetzten, sondern erläutern in einigen Passagen auchSachverhalte aus dem Blickwinkel von Mitarbeitern.

Selbstverständlich lassen sich die folgenden Aussagen sinngemäß auch auf andere Lebensbereiche übertragen, denn Fehler stellen trotz vielschichtiger wissenschaftlicher Erkenntnisse eine unendliche Geschichte dar.

Sie wissen, dass uns Fehler überall und immer wieder begegnen. Beim künftigen Umgang mit Fehlern im Beruf leisten Ihnen die folgenden Ausführungen gewinnbringend Hilfestellung. Wegen der Vielschichtigkeit des Themas blieben allerdings juristische Hinweise außer Betracht. Im Bedarfsfall sollte juristischer Rat von fachkundiger Stelle eingeholt werden.

Vermutlich werden Sie einige Informationen aus diesem Buch nutzen, um künftig bestimmte Verhaltensweisen zu ändern. Wollen Sie diese Punkte nicht nur Ihrem „löchrigen" Gedächtnis anvertrauen, tragen Sie die beabsichtigten Veränderungen stichwortartig sogleich in eine To-do-Liste (vgl. Seite 10) ein.

Ein gutes Gelingen beim Umgang mit Fehlern, Fehlerfolgen und Fehlerverursachern wünscht Ihnen

Hans-Jürgen Kratz
www.personaltraining-kratz.de

Die Leserinnen werden um Verständnis gebeten, dass ausschließlich im Sinne der besseren Lesbarkeit nur die männliche Form gewählt wurde. Selbstverständlich sind jederzeit alle Geschlechter angesprochen.

To-do-Liste Seite

1

Fehler und Fehlerkultur

Was ist ein Fehler per Definition?

Ausrutscher	Irrtum	Nachlässigkeit
Bockmist	Kinderkrankheit	Panne
Fauxpas	Klops	Patzer
Fehleinschätzung	Lapsus	Pflichtverletzung
Fehlentscheidung	Makel	Rückschlag
Fehlgriff	Malheur	Schnitzer
Fehltritt	Missgeschick	Unrichtigkeit
Fehlversuch	Missgriff	Versagen

Mit all diesen Synonymen wird der Tatbestand umschrieben, mit dem sich dieses Buch ausführlich beschäftigt:

FEHLER

Die folgende Definition des Wortes „Fehler“ kann trotz der vielen Begriffe mit einer sehr ähnlichen Bedeutung zum allseitigen Verständnis beitragen:

Ein Fehler ist eine Abweichung von einem als richtig angesehenen Verhalten oder von einem gewünschten Handlungsziel, das der Handelnde eigentlich hätte ausführen bzw. erreichen können.

Auch das Unterlassen einer Handlung kann als Fehler bezeichnet werden, denn:

> Wir sind nicht nur verantwortlich für das, was wir tun,
> sondern auch für das, was wir nicht tun.
> MOLIÈRE, FRANZÖSISCHER SCHAUSPIELER UND DRAMATIKER (1622–1673)

Fehler betreffen alle Lebensbereiche, wenngleich wir uns in diesem Buch schwerpunktmäßig auf den beruflichen Bereich konzentrieren. Hier sprechen wir kurz und bündig von Fehlern, wenn

- es zu **Abweichungen des Ist-Zustands** (Arbeitsergebnis) **vom Soll-Zustand** (Arbeitsaufgabe bzw. erwartetes Ergebnis) kommt oder
- eine **Abweichung von einem erwarteten Ergebnis** erkennbar wird.

Der Soll-Zustand bzw. das erwartete Ergebnis müssen bekannt sein. Ansonsten fehlt die Zielgröße und es herrscht Ungewissheit, ob überhaupt ein Fehler vorliegt. Werden die Handlungen beispielsweise unter Berücksichtigung von

- Arbeits-/Dienstanweisungen,
- Arbeitsflussdiagrammen,
- Arbeitsschrittlisten,
- gesetzlichen Bestimmungen,
- Prüf- oder Checklisten,
- Richtlinien,
- Standards (= Soll-Vorgaben, die sich auf Arbeitsverfahren, -verhalten oder -ergebnisse beziehen können),
- Verfahrenshandbüchern oder
- Zielvereinbarungen

ausgeführt, sind dies nachvollziehbare, konkrete, präzise, unmissverständliche und oft auch messbare Kriterien für die Aufgabenerledigung. Hier lässt ein Abgleich zwischen dem Ist und dem Soll zweifelsfrei erkennen, ob ein Fehler vorliegt.

Fehlen die vorgenannten Materialien oder enthalten sie schwammige Formulierungen, liegt die Feststellung eines Fehlers immer im Auge des Betrachters. Mancher Mitarbeiter fühlt sich dann permanent in die Defensive gedrängt. Ihm wird schnell als Fehler angekreidet, nicht das Ergebnis vorweisen zu können, welches er nach Ansicht des Vorgesetzten hätte erreichen müssen. Während sein Vorgesetzter ein nicht eindeutig definiertes Arbeitsergebnis als ungenügend einordnet, bewertet der Mitarbeiter seine Leistung durchschnittlich oder besser.

Je eindeutiger die an uns gerichteten Anforderungen formuliert werden, umso weniger kommt es zu Differenzen, ob erbrachte Leistungen als „richtig“ oder „falsch“ einzuordnen sind. Nichts ist in einem Unternehmen anstrengender als die Auseinandersetzung zweier Mitarbeiter oder Abteilungen, die unterschiedlicher Auffassung darüber sind, ob es sich bei einem Sachverhalt um einen Fehler handelt.

Vor allem mehrdeutige „Gummiziele“ wie „angemessen“, „etwa“, „viel“, „grundsätzlich“, „im Allgemeinen“, „beträchtlich“, „beachtlich“, „produktiver“ und „qualitativ höherwertig“ sind Ausgangspunkte für unterschiedliche Betrachtungen. Hier erweisen sich im Berufsleben die zwischen Vorgesetzten und Mitarbeitern abgestimmten Zielvereinbarungen als Richtschnur, da sie eindeutige Aussagen enthalten über Inhalt, Ausmaß und Zeit (z. B. Verbesserung der Input-Output-Relation um 5 Prozent gegenüber dem Vorjahr bis zum 31.12.20..). Sie werden um die auf dem Weisungsrecht des Vorgesetzten basierenden üblichen Anweisungen ergänzt.

Wollen wir Fehler verstehen und beheben, ist eine Ursachenforschung hilfreich. Die Fehlerursachen können in einer Person liegen, aber auch das Umfeld handelnder Personen betreffen. Sie treten isoliert oder auch kombiniert auf. Möglich sind beispielsweise folgende Gründe:

- Ablenkungen
- Abnutzung, Verschleiß, Materialermüdung
- Angst vor Versagen
- Arbeitsüberlastung
- Bedienfehler
- Erfahrungsdefizite
- Erschöpfung
- fehlende Fertigkeiten/Kenntnisse
- fehlende Motivation
- fehlende Ordnung am Arbeitsplatz
- fehlerhafte Zuarbeit anderer Stellen
- fehlerhaftes Zeitmanagement
- Führungsfehler des Vorgesetzten
- Gesundheitsprobleme
- Gewohnheiten
- Informationsdefizite
- Kommunikationsprobleme
- Konflikte im Unternehmen
- Konzentrationsprobleme
- lückenhafte Vorbereitung
- Müdigkeit
- Organisationsprobleme
- persönliche Probleme
- Störungen von außen
- Stresssituationen
- Termindruck
- unklare Ziele
- Wahrnehmungsverzerrungen

Diese Aufzählung zeigt deutlich, dass immer noch in erster Linie der Mensch für Fehler verantwortlich ist.

Der Mensch ist nicht das beste Sicherungssystem, sondern der häufigste Unsicherheitsfaktor.

Auch wenn es branchenspezifische Unterschiede gibt, verteilt sich der geschätzte prozentuale Anteil von Fehlerursachen wie folgt:

- zu 15 Prozent auf den Faktor Umwelt
- zu 20 Prozent auf den Faktor Technik
- zu 65 Prozent auf den Faktor Mensch

Ließen sich die größten menschlichen Fehler verhindern, könnten sehr viele alltägliche Fehler bei der Arbeitsausführung vermieden werden. Nach einer Untersuchung der kanadischen Luftfahrtbehörde in den 1970er-Jahren sind zwölf menschliche Gefahren („dirty dozen") für eine fehlerhafte Arbeitsausführung verantwortlich:

- Mangel an Kommunikation
- Mangel an Teamwork
- Mangel an Aufmerksamkeit
- Stress
- Mangel an Ressourcen
- Ermüdung und Erschöpfung
- soziale Normen
- Druck
- Mangel an Können und Wissen
- fehlende Durchsetzungsfähigkeit
- Selbstgefälligkeit
- Ablenkung (durch private Probleme oder suboptimale Arbeitsumgebung)

Fehler lassen sich trotz größter Vorsicht und perfektionistischer Vorgehensweise nicht völlig ausmerzen.

Wer arbeitet, macht Fehler. Wer viel arbeitet, macht mehr Fehler.
Nur wer die Hände in den Schoß legt, macht gar keine Fehler.
ALFRED KRUPP, DEUTSCHER INDUSTRIELLER UND ERFINDER (1812–1887)

Fehler passieren – immer und überall. Das ist ein alltäglicher Vorgang, denn Fehler gehören zum Menschsein wie die Luft zum Atmen. Sie sind Teil seiner Existenz und der entscheidende Grund für seine beispiellose Entwicklung.

Keine Person, kein Team,
kein Unternehmen arbeitet fehlerfrei.

Hierzu eine kleine historische Anekdote:

> Die Kutsche von Friedrich dem Großen war über einen Stein geholpert, sodass sie umkippte. Der König fluchte und schimpfte wie ein Rohrspatz, wobei er den Kutscher mit den Schimpfwörtern „Blödian", „Schafskopf" und weiteren Boshaftigkeiten belegte sowie dessen völlige Unfähigkeit hervorhob. Der in seiner Würde zutiefst gekränkte Kutscher schrie darauf seinen majestätischen Fahrgast an: „Na schön, es ist mir passiert! Und Sie? Haben Sie vielleicht noch nie eine Schlacht verloren?"

Arbeiten misslingen, weil der Ausführende sich nicht so anstrengt, wie er könnte, Ressourcen nicht richtig eingesetzt, Ort oder Zeitpunkt nicht richtig gewählt, Situationen falsch beurteilt werden und dies unzureichende Maßnahmen zur Folge hat usw.

Halten wir fest:

**Nur Faule und Dummköpfe machen keine Fehler.
Denn der Faule tut nichts und der Dummkopf erkennt seine Fehler nicht
und sieht sie demzufolge auch nicht ein.**

Trotz vielfältiger technischer Hilfestellung wird es einen völlig fehlerfreien Mitarbeiter auch künftig nicht geben. Der Grund: Menschen sind keine Roboter, sondern Individuen, die unterschiedliches Know-how aufweisen sowie Stimmungen und Emotionen unterworfen sind. Mit ihren individuellen Macken, Ecken und Kanten kommt es selbst bei größter Sorgfalt immer wieder zu menschlichem Versagen. Trotz großer Bemühungen werden wir auch nicht davon verschont, gelegentlich Wichtiges zu vergessen. Die vielfältigen Fehlerursachen führen auch zu Ablenkungen oder wenig rationalen Reaktionen, die eine nachlassende Leistung bewirken.

Bei einem Mitarbeiter ist die Fehlerhäufigkeit überdurchschnittlich hoch, ein anderer Mitarbeiter produziert eher selten Fehler. Eines gilt aber für alle: Menschen sind fehlerhafte, fehlbare und fehleranfällige Wesen und somit keinesfalls unfehlbar.

Fazit: Nobody is perfect!

Forscher der Universität Lüneburg unter der Leitung von Michael Frese, Professor für Psychologie, Innovationsforschung und Entrepreneurship, fanden heraus, dass jeder Mensch pro Stunde zwei bis fünf Fehler macht. Diese Erkenntnis wurde um den Hinweis ergänzt, dass Fehler nicht gleich Fehler ist.

Die meisten Fehler fallen unter die Kategorien „kleine Fehler“, „unbedeutende Fehler“ oder „unkritische Fehler“ (z. B. Schreibfehler, offenbare Unrichtigkeiten, Versprecher, Flüchtigkeitsfehler). Sie bleiben ohne oder nur mit sehr geringer Wirkung, sodass sie mit Kommentaren wie „Dumm gelaufen“, „Schwamm drüber“, „Was soll's“, „So etwas passiert eben“ oder „Shit happens“ schnell abgehakt und ad acta gelegt werden.

Dennoch sollten kleine Fehler nicht völlig übersehen werden, denn sie passieren täglich in größerem Umfang. Nur weil sie keine gravierenden Folgen auslösen, spielen sie in unserer Wahrnehmung keine besondere Rolle. Zwar mag jeder kleine Fehler für sich betrachtet eine Lappalie darstellen, in der Summe können sich diese unbedeutenden Fehler jedoch störend auswirken. Resultieren aus kleinen Fehlern keine Folgen für den Mitarbeiter, stellen sich im Laufe der Zeit Unachtsamkeiten und Nachlässigkeiten ein, denn was toleriert wird, wird bald zur Norm.

Während ein kleiner Fehler nicht besonders auffällt, kann ein schwerer (kritischer, gravierender, teurer, riskanter) Fehler im Unternehmen den Arbeitsplatz kosten oder noch schmerzlichere Folgen nach sich ziehen, wenn durch den Fehler etwa ein Menschenleben gefährdet wird. Denken Sie an Verkehrs- und Zugunfälle oder Flugzeugabstürze, die durch menschliches Versagen verursacht wurden. Auch mancher Arbeitsunfall mit Verletzten und sogar Toten ist auf extreme Fehler oder massives Fehlverhalten zurückzuführen.

Weil gravierende Fehler erhebliche Konsequenzen nach sich ziehen können, sollten sich alle Beteiligten die Zeit nehmen, sich genauer mit dem Geschehenen auseinanderzusetzen. Dieses Buch beschäftigt sich schwerpunktmäßig mit diesen folgenreichen Fehlern, die unsere uneingeschränkte Aufmerksamkeit fordern und ein Wegducken sträflich erscheinen lassen.

Was bedeutet Fehlerkultur?

Von entscheidender Bedeutung für den Umgang mit Fehlern ist die im Unternehmen praktizierte Fehlerkultur, die Teil der Unternehmenskultur ist.

Fehlerkultur = Umgang mit und die Reaktion auf Fehler, wodurch es zu einem möglichst fehlerfreien Ablauf von Arbeitsprozessen kommen soll

Hier lassen sich zwei Herangehensweisen unterscheiden, die zu völlig verschiedenen Konsequenzen führen. In der einen Position (destruktive Fehlerkultur) werden Fehler als Übel und als möglichst zu vermeidende Vorfälle betrachtet, während die andere Position (konstruktive Fehlerkultur) Fehler als nützliche und nutzbare Ereignisse ansieht, die wichtige Informationen zur Verbesserung des bisherigen Vorgehens beinhalten.

Die konstruktive Fehlerkultur hilft, Möglichkeiten aufzudecken, die sich aus Fehlern ergeben. Denn oft sind es gemachte Fehler, die neue Lösungswege und Herangehensweisen aufzeigen. Der konstruktive und offene Umgang mit Fehlern fördert eine wertschätzende und angstfreie Zusammenarbeit und hilft, Ängste und Sorgen zu vermeiden. Vor allem trägt er dazu bei, dass der gleiche Fehler nicht wiederholt wird. Können alle Betriebsangehörigen ohne die Gefahr von Schuldzuweisungen angstfrei über Fehler und Probleme sprechen, sind sie agil und lernfähig.

Zur Klarstellung: Der konstruktive Umgang mit Fehlern bedeutet nicht, Fehler zu ignorieren, zu bagatellisieren oder Schlampereien, Flüchtigkeitsfehler oder absichtliche Fehler schönzureden und ein Unternehmen zu einer Wohlfühloase nach dem Motto „Friede, Freude, Eierkuchen" umzufunktionieren. Ziel muss stets sein, das Unternehmen durch einen konstruktiven Umgang mit Fehlern besser zu machen. Insofern kann eine konstruktive Fehlerkultur als Auslöser für einen kontinuierlichen Verbesserungsprozess bezeichnet werden.

Unverzichtbare Voraussetzungen für eine konstruktive Fehlerkultur sind allerdings:

- ein angstfreier Umgang mit Fehlern
- Fehler frühzeitig offenzulegen
- eine sachliche Fehleranalyse
- Ursachenforschung zu betreiben
- Fehlerursachen zu beseitigen
- Verbesserungen und Fortschritt zu initiieren
- weiteren Fehlern vorzubeugen

Während „klassische" Unternehmen und Einrichtungen des öffentlichen Dienstes eine konstruktive Fehlerkultur grundsätzlich bejahen, lassen sie es häufig an der Umsetzung in die Praxis mangeln. Start-ups haben mangels verkrusteter Strukturen jedoch keine Berührungsängste mit Fehlern (Motto: „Fail early, fail often") und belegen mit einer erfolgreichen Handhabung die positiven Auswirkungen der konstruktiven Fehlerkultur.

FEHLERKULTUR

	destruktive/erstarrte Fehlerkultur	**konstruktive/proaktive Fehlerkultur**
Tenor	Fehler werden nicht akzeptiert	Fehler sind kein Weltuntergang. Sie dürfen gemacht werden, wenn aus ihnen die richtigen Schlüsse gezogen werden.
Ziel	Null-Fehler-Toleranz, Schuldzuweisung und Bestrafung	Veränderungsbedarf erkennen, Verbesserungen herbeiführen, neue Ideen und Produkte generieren
Menschenbild	Mitarbeiter sind ausführende Organe und haben zu funktionieren.	Mitarbeiter sind die wichtigsten Faktoren im Unternehmen und sollen mitdenken/mithandeln.
Aktion	Suche nach Schuldigen, Sanktionieren	Ursachensuche, Lösungen finden, Innovationen anschieben
Typische Fragen	„**Wer** hat Schuld?“, „Warum haben **Sie** nicht ...?“	„**Was** hat Schuld?“, „Was können **wir** besser machen?“
Intervention	Standpauke, Machtwort	Korrekturgespräch
Mitarbeiterreaktionen	Strafvermeidungstechniken (z. B. Vertuschen, Abstreiten, Verantwortungsscheu, Rückdelegation, Absicherung, Perfektionismus)	Fehler analysieren und geeignete Korrekturmaßnahmen festlegen und umsetzen
Erzeugt bei Mitarbeitern	Versagensängste	Stärkung des Selbstvertrauens, gesundes Selbstwertgefühl
Hauptorientierung	Status quo verwalten	Wettbewerbsfähigkeit und Zukunftsfähigkeit fördern
Veranlasst Mitarbeiter zu	**Passivität** Stillstand, Lähmung = vergangenheitsorientiert	**Aktivität** Motor des Fortschritts = zukunftsgerichtet

2

Merkmale einer destruktiven Fehlerkultur

Fehler gelten als unbedingt zu vermeidende Störfälle

Von Kindesbeinen an wurde uns beigebracht, dass Fehler etwas Negatives sind und wir unsere Bemühungen darauf richten müssten, sie stets zu vermeiden. So wurden wir im Elternhaus, im Kindergarten, in der Schule und in der Berufsausbildung regelmäßig auf unsere Fehler aufmerksam gemacht. Es folgte zumeist eine Bestrafung (z. B. mahnende bis lautstarke Belehrungen, sporadischer Liebesentzug, Stubenarrest, schlechte Schulnoten), die uns „auf den richtigen Weg" bringen sollte. Diese negativen Erfahrungen im Umgang mit Fehlern haben bleibende Eindrücke bis hin zu traumatischen Erfahrungen hinterlassen. Sie ziehen sich seit der Kindheit wie ein roter Faden durch unser Leben und finden auch in fortgeschrittenem Lebensalter im Berufsleben ihre Fortsetzung. Dort sind Fehler oft mit unangenehmen Konsequenzen (z. B. das Selbstwertgefühl angreifende Kritik, arbeitsrechtliche Sanktionen, Behinderungen im beruflichen Fortkommen) für uns verbunden, sodass wir einen Horror vor Fehlern und ihren negativen Begleiterscheinungen haben. Nach wie vor lauert die Angst vor Fehlern in unserem Unterbewusstsein und erschwert den konstruktiven und angstfreien Umgang mit ihnen.

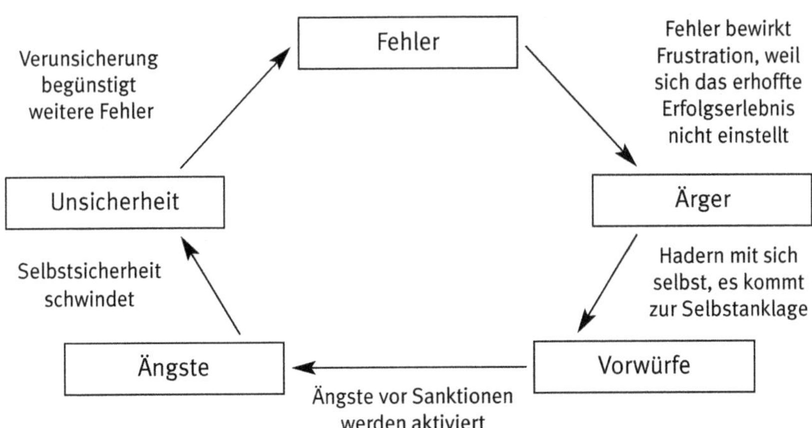

Sehr viele Menschen sind in dieser Kultur der Ablehnung von Fehlern aufgewachsen und haben ihre speziellen Normen und Werte übernommen. Fehler werden als Zeichen der Schwäche eingeordnet und bei höherer Fehlerrate werden dem Fehlerverursacher entweder Unvermögen, eine geringe Intelligenz, mangelhafte Sorgfalt oder sogar Sabotage unterstellt. Mit geringem Selbstbewusstsein ausgestattete Menschen leiden unter diesen negativen Bewertungen und betrachten sich als Versager, Loser oder Nichtsnutz.

Auch Generationen von Führungskräften verinnerlichten die ausschließlich negative Einordnung von Fehlern als Störfaktoren und Ärgernisse. Sie setzten im guten Glauben ihrer Wirksamkeit harsche Bestrafungsmethoden ein. Mit dem Wandel autoritären Führungsverhaltens in ein kooperatives Miteinander ging aber auch ein grundsätzliches Überdenken der Einstellung zu Fehlern einher.

Heutige Mitarbeiter lassen sich nicht mehr allein durch Strafandrohung oder Einschüchterung zu fehlerfreiem Arbeiten motivieren. Die negative Einordnung von Fehlern weicht zunehmend einer konstruktiven, proaktiven, offenen und ehrlichen Fehlerkultur. Fehler werden nicht mehr in Bausch und Bogen verurteilt, sondern erhalten als Möglichkeiten zur Verbesserung und Weiterentwicklung großes Gewicht.

> **Fehler vermeidet man, indem man Erfahrung sammelt.**
> **Erfahrung sammelt man, indem man Fehler macht.**
> LAURENCE J. PETER, KANADISCH-US-AMERIKANISCHER LEHRER UND AUTOR (1919–1990)

Damit heißt es Abschied nehmen vom negativen Image von Fehlern, die – so wird es von manchen uneinsichtigen Führungskräften propagiert – in unserer Leistungs- und Erfolgsgesellschaft nichts zu suchen haben. Übrigens: Bei genauer Betrachtung sind Fehler tatsächlich Störfälle – und exakt in diesen Störungen liegt ihr Wert: Sie erschüttern den Status quo und öffnen neue Wege, die ohne einen Fehler verborgen geblieben wären. Nach dieser Überlegung erhalten Fehler (falls mit ihnen konstruktiv umgegangen wird) ein Pluszeichen, während nach landläufiger Einordnung die destruktiven Begleiterscheinungen überwiegen und zu einem negativen Vorzeichen führen.

Es gilt eine Null-Fehler-Forderung

Wir haben das ehrgeizige Ziel, schnell, sauber, gewissenhaft, unfallsicher, selbstständig und fehlerfrei bei hoher Qualität und vermindertem Energie-, Material- und Werkzeugeinsatz zu arbeiten. Jeder Fehler verhindert dieses Ziel und erweckt den Wunsch nach einer dauerhaften Hundertprozentigkeit bei der Arbeitsausführung zu neuem Leben.

In bestimmten Bereichen ist die Tendenz zur Fehlerfreiheit von extremer Bedeutung, insbesondere bei Tätigkeiten in der Gesundheitsvorsorge, schließlich können hier Fehler Menschenleben kosten. Aber auch in Luftfahrt-, Schifffahrts-, Rüstungs- und Bergbauunternehmen sowie in Atomkraftwerken und Öl- und Gasraffinerien können Fehler fatale Konsequenzen haben.

Manche Führungskräfte sind hocherfreut, wenn in ihrem Verantwortungsbereich Fehler komplett vermieden werden. Vermutlich hat sich dann die erhoffte Hundertprozentigkeit bzw. die propagierte Null-Fehler-Forderung durchgesetzt. Wo Fehler nicht toleriert werden, sondern negative Folgen für den Verursacher auslösen, gibt es offiziell auch keine Fehler.

Hierbei droht die Gefahr, auf einem Auge blind zu werden und Fehler einfach auszublenden, denn was nicht sein darf, das kann nicht sein. Oft werden aufgetretene Fehler unter den Teppich gekehrt und die „Fehlerfreiheit“ wird mit Abwehrreaktionen der Mitarbeiter (vgl. Seite 52) erkauft. Dies bewirkt beim Mitarbeiter vorrangig ein schlechtes Gewissen und Demotivation und stellt eine ständige Quelle von Unzufriedenheit dar. In diesem Fall mag sich die Führungskraft in ihrer Traumwelt weiter der Illusion hingeben, ihre Mitarbeiter würden fehlerfrei arbeiten. Auf Dauer ist dieser Selbstbetrug jedoch nicht durchzuhalten und irgendwann folgt das böse Erwachen. Die Erfahrung lehrt uns:

Absolute Fehlerfreiheit über einen längeren Zeitraum hinweg ist unmöglich!

Je mehr Menschen miteinander arbeiten und je mehr Arbeitsschritte, Materialien und Geräte im Arbeitsprozess eingesetzt werden, umso höher ist die Fehlerwahrscheinlichkeit.

Nicht nur Menschen machen Fehler. Selbst Maschinen machen Fehler. Oder ist Ihr Computer noch nie aus heiterem Himmel abgestürzt? Angeblich (fast) perfekte Systeme wie Flugzeuge und Weltraumfahrzeuge funktionieren nur deshalb so gut, weil alle wichtigen Systeme mehrfach vorhanden sind. Und dennoch sind in der Raumfahrt viele Astronauten aufgrund kleinster Fehler, die zum Teil auf menschlichen Schlampereien in der täglichen Arbeit beruhten, tödlich verunglückt. Es ist menschlich, Fehler zu machen – und Fehler machen uns menschlich! Das Streben nach Vollkommenheit ist aussichtslos, denn eine Null-Fehler-Toleranz ist wohl nur den Göttern vorbehalten.

Ein bekanntes Zitat demonstriert eine Variante, wie man mit Fehlern umgehen kann. Thomas Alva Edison (1847–1931), der Erfinder der Glühbirne, soll einmal gesagt haben:

> Ich bin nicht gescheitert. Ich kenne jetzt 10.000 Wege, wie man keine Glühbirne baut.

Am Ende der 10.000 Irrwege standen 1.093 Patente.

Die Suche nach dem Sündenbock

Bereits der römische Historiker und Senator Publius Cornelius Tacitus (56–120 n. Chr.) erkannte vor fast 2.000 Jahren:

> Erfolge nehmen alle in Anspruch, Misserfolge werden einem Einzigen zugeschrieben.

Die moderne Sozialpsychologie bestätigt, dass Fehler vorrangig einzelnen Menschen zugeordnet werden („Diesen Misserfolg haben wir dem Krause zu verdanken!“, „Der Lehmann ist schuld!“). Einflüsse von außen, insbesondere fehlerhafte Organisationsstrukturen oder unzureichende Informationsflüsse, werden entweder überhaupt nicht oder eher nachrangig berücksichtigt.

Insbesondere bei medizinischen Eingriffen oder im Flugverkehr können Fehler tödliche Folgen haben. Demzufolge geht man in diesen Bereichen mit größter Akribie Fehlern auf den Grund. Das Ergebnis: In der Medizin wie im Cockpit gehen Unfälle nur selten auf das Fehlverhalten Einzelner zurück. Vielmehr ist es meist eine Kette von kritischen Ereignissen, die ein Desaster verursachen. Verantwortlich sind hierfür gewöhnlich Schwächen des Systems, eine schlechte Vorbereitung, mangelhafte Organisation oder ungenügende Kontrolle der Abläufe. Hier wäre die Konzentration auf eine Person unzureichend und verantwortungslos.

Bedauerlicherweise bleiben in vielen Versuchen der Fehleraufarbeitung diese Erkenntnisse unberücksichtigt. Dafür beginnt beim Erkennen eines Fehlers die Jagd nach einem Sündenbock, welcher die alleinige Verantwortung für den Fehler tragen soll:

- „Wer hat diesen Unsinn verzapft?"
- „Wer hat das verschuldet?"
- „Wer hat denn das verbockt?"

Der frühere US-Präsident Dwight D. Eisenhower (1890–1969) erkannte:

Die Jagd nach dem Sündenbock ist die einfachste Jagd.

Mit der Fahndung nach einem Sündenbock geht man den einfachsten Weg, statt die Ursachen für einen Fehler in mühevoller Kleinarbeit zu ermitteln. Ist der Sündenbock gefunden, konzentriert man sich auf diese Person und lässt unzulängliche Strukturen und Prozesse, die individuelle Fehler erst ermöglichen, unbeachtet. So gibt man sich der Illusion hin, man habe das Problem erkannt und es sei nun behoben. Der „Schuldige" wird an den Pranger gestellt, der so um eine Erfahrung reicher oder sogar aus dem Schaden klüger wird – nicht aber das Unternehmen.

Dieses mit Blamage und Gesichtsverlust einhergehende Vorgehen bestärkt Mitarbeiter erst recht, Fehler von sich zu weisen. Auch leidet das Vertrauen in die Vorgesetzten bzw. Führungskräfte oder sogar das Unternehmen, weil jeder befürchten muss, vor Kollegen beschuldigt und bloßgestellt zu werden.

Fazit: Indem die interne unproduktive Verfolgermentalität aufgegeben und der Fehler von der Person entkoppelt wird, kann mit größerem Erfolg der gemeinsame Weg zu künftigen Verbesserungen beschritten werden.

~~Wer hat Schuld?~~ → **Was** hat Schuld?

~~Wer war es?~~ → **Wie** konnte es dazu kommen?

Fehlerursachen bleiben unbeachtet

Um die Entstehung eines Fehlers verstehen zu können, müssen die Ursachen erkannt werden, die zu ihm führten. Jeder Führungskraft sollte bewusst sein, dass es vielfältige Gründe für Fehler gibt, so beispielsweise:

Arbeitsüberlastung

Die hohe Beanspruchung durch ein großes Arbeitsvolumen und die damit verbundene Zeitknappheit, die keine Entspannungsmöglichkeiten und Zeit zum Regenerieren zulassen, gelten als größte Stressoren unserer Zeit. Sollen dennoch die anvisierten Ziele erreicht werden, wird vielfach Raubbau an den eigenen Ressourcen betrieben. Damit geht häufig eine körperliche, emotionale und geistige Erschöpfung und damit verbunden eine Erhöhung der Fehlerquote einher. Wird einer Überbeanspruchung nicht Einhalt geboten, kommt es allmählich zu einem Burn-out-Syndrom, das im Extremfall in einer Arbeitsunfähigkeit resultiert.

Weil oft zu viele Aufgaben unvorhergesehen und ungeplant auf den Mitarbeiter zukommen, fehlt die erforderliche Zeit für eine zufriedenstellende Aufgabenerledigung, worunter die Qualität leidet. Tritt dann ein Fehler auf, muss zusätzliche Zeit investiert werden, um diesen zu korrigieren. Wäre die Aufgabe von Beginn an ohne immensen Zeitdruck fehlerfrei erledigt worden, wäre das gesamte Zeitvolumen kleiner gewesen, was Nerven und Kosten gespart hätte.

Abhilfe: Reduzierung des Arbeitsvolumens, verbessertes Zeitmanagement

Störungen/Unterbrechungen

Zweifellos werden Sie bei ungestörtem Arbeiten ein größeres Arbeitspensum erledigen. Jede Störung beeinträchtigt empfindlich Ihren Arbeitsrhythmus, kann wegen der unterbrochenen Konzentration zu Fehlern führen und stellt gleichzeitig eine Zeitfalle dar. Es ist bekannt, dass es sehr viel länger braucht, sich nach einer Unterbrechung wieder auf etwas zu konzentrieren, als die eigentliche Unterbrechung überhaupt dauerte. Um Störungen zu vermindern, empfehlen Experten für Zeitmanagement, sogenannte „stille Stunden“

(3-M-Stunde = Meeting mit mir) oder „Sperrstunden“ einzuplanen, in denen man sich durch nichts und niemanden stören lassen sollte.

Der Versuch, mittels Multitasking ein hohes Arbeitspensum rechtzeitig zu bewältigen, ist untauglich. Einige Studien beweisen: Menschen sind nicht produktiver, sobald sie mehrere Aufgaben gleichzeitig erledigen. Im Gegenteil, oft werden sie daran gehindert, konzentriert auf ein Ziel hinzuarbeiten. Unser Gehirn arbeitet nämlich sequenziell und nicht parallel. Beim Multitasking muss das Gehirn blitzschnell hin- und herschalten. Das ist anstrengend, führt zu Fehlern, auf Dauer zu negativem Stress und erhöht das Arbeitsaufkommen, weil Fehler auszubügeln sind. Unterbricht jemand seine Arbeit nur für 2,8 Sekunden, passieren doppelt so viele Fehler!

Abhilfe: Unterbinden Sie Störungen so weit wie möglich. Statt in Gedanken schon bei einer anderen Aufgabe zu sein, konzentrieren Sie sich besser auf die aktuelle.

Fehlerhafte Arbeitsorganisation

Die Arbeitsorganisation enthält alle Regelungen hinsichtlich Aufgabenverteilung sowie Zusammenarbeit der Mitarbeiter. Unmissverständlich wird geklärt: Wer macht was bis wann, wie und mit welchen Mitteln? Daraus lässt sich erkennen, dass die Arbeitsorganisation ein weites Feld umfasst, das Fehler geradezu zwangsläufig erzeugt.

Als Schwachstelle wird häufig die mangelnde interne Kommunikation genannt, die einen rechtzeitigen Austausch erforderlicher Informationen zwischen den Akteuren behindert. So werden beispielsweise allgemeine Ziele und abteilungsübergreifende Regelungen nicht ausreichend kommuniziert, sodass aus den Zielen abzuleitende Strategien und Arbeitsschritte für die tägliche Arbeit nicht für alle Mitarbeiter nachvollziehbar sind. Auch entstehen Missverständnisse, weil Zuständigkeiten nicht oder unzureichend festgelegt sind, mit der Folge, dass Doppelarbeit geleistet wird oder Arbeiten unerledigt liegen bleiben, weil sich niemand für zuständig hält.

Abhilfe: Betriebsinterne Kommunikationswege werden ständig überprüft und aktualisiert. Um die Gefahr der Betriebsblindheit auszuschließen, kann eine externe Beratung hilfreich sein.

Fehlerhafte Zielvereinbarungen

Ziele gelten Mitarbeitern als Kompass und helfen dabei, Hürden zu überwinden und zum Erfolg zu kommen. Mit ihnen werden Soll-Vorstellungen geschaffen, an denen später Handlungsergebnisse zu messen sind. Sie erleichtern dem Mitarbeiter die Selbstkontrolle (vgl. Seite 62) und verringern damit den Kontrollaufwand der Führungskraft.

Abhilfe: Schleichen sich bei der Zielvereinbarung Ungenauigkeiten ein, sind im Regelfall die späteren Resultate nicht zufriedenstellend. Hieraus folgende Fehler werden oft Mitarbeitern angelastet. Vorbeugend und fairerweise sollten Zielvereinbarungen deshalb kritisch analysiert werden.

ZIELVEREINBARUNGEN ANALYSIEREN

	ja	nein
Bestehen gute Chancen, dass sich der Mitarbeiter mit der Zielvereinbarung identifiziert, weil er sie als vorteilhaft erkennt?	☐	☐
Sind die Ziele klar, konkret, präzise, unmissverständlich formuliert?	☐	☐
Sind die Ziele inhaltlich genau bestimmt? (Was ist zu tun?)	☐	☐
Wurden Ausmaß (In welchem Umfang?) und Termine limitiert (Bis wann ist etwas zu tun?)?	☐	☐
Sind die Ziele messbar und enthalten sie damit einen Aufforderungscharakter?	☐	☐
Sind die Ziele zeitlich und inhaltlich erreichbar und orientieren sie sich am Möglichen und Machbaren?	☐	☐
Wurden erkennbare/vermutete Entwicklungen und mögliche Störeinflüsse berücksichtigt?	☐	☐
Sind die Ziele herausfordernd, sodass mit ihnen ein Motivationsschub einhergehen wird?	☐	☐

Ist die Anzahl vereinbarter Ziele auf maximal fünf begrenzt?	☐	☐
Kennt der Mitarbeiter die Prioritäten seiner Ziele, sodass er ggf. umdisponieren kann?	☐	☐
Sind für längere Zeiträume geltende Ziele in Teil-/Etappenziele überführt worden?	☐	☐
Konnten erkennbare/vermutete Zielkonflikte ausgeräumt/ auf ein Minimum beschränkt werden?	☐	☐
Sind Personalentwicklungsmaßnahmen einzuleiten, weil dem Mitarbeiter für neue Ziele das Know-how fehlt?	☐	☐
Müssen zusätzliche Ressourcen (personell, materiell, finanziell) zur Verfügung gestellt werden?	☐	☐
Wann soll der Zielerreichungsgrad überprüft werden (Stichproben, Milestone-Gespräche)?	☐	☐

Fehlerhafte Selbstorganisation

Während des gesamten Arbeitstages kommen manche Arbeitnehmer kaum zum Durchatmen. Sie sind bemerkenswert fleißig und setzen viel Kraft und Energie ein. Dennoch wächst ihnen ständig die Arbeit über den Kopf, sodass sie eine immer größer werdende Bugwelle unerledigter Arbeit vor sich herschieben. In dem Bemühen, das Unerledigte abzuarbeiten, wird die „Schlagzahl" erhöht, was die Fehlerhäufigkeit ansteigen lässt.

Abhilfe: Eine gute Selbstorganisation ermöglicht durch Strukturierung des Tagesablaufs ein vorausschauendes und geplantes Handeln. So wird die Arbeit besser organisiert und der Blick für das Wesentliche geschärft, hinderliche Gewohnheiten (z. B. „Aufschieberitis", fehlende Ordnung am Arbeitsplatz) können abgestellt und die Fehlergefahr kann reduziert werden. Im Rahmen von Personalentwicklungsmaßnahmen sollte durch den Besuch eines guten Zeitmanagementseminars eine deutliche Verbesserung der Selbstorganisation erreicht werden.

Routinefehler/Gewohnheiten

Manche Aufgaben bewältigen wir automatisch und routiniert. Dadurch handeln wir schnell und effizient. Standardisierte und automatisierte Prozesse führen allerdings zu eingeschränkter Aufmerksamkeit bzw. Konzentration und können die Fehlerquote steigern.

Menschen sind Gewohnheitstiere. Sie entwickeln Reaktions- und Verhaltensweisen, die in gleichartigen oder ähnlichen Situationen zu identischen Handlungen führen. Tritt eine entsprechende Situation ein, greift das Gehirn blitzschnell auf frühere Reaktionsweisen zurück, ohne dass eine Suche nach Alternativen erfolgt. Selbst wenn bekannt ist, dass eine Gewohnheit einen Fehler darstellt, ist es für viele Menschen einfacher und bequemer, das gewohnte Verhalten zu zeigen, als es auf den Prüfstand zu stellen und zu verändern. Auf ausgetretenen Pfaden läuft es sich besser, sodass die Suche nach neuen Pfaden unterbleibt, „denn es wird schon gut gehen" oder „dabei hat es noch nie Probleme gegeben". Hier erinnert sich manche Führungskraft vermutlich an das leidige Thema „Einhaltung der Unfallverhütungsvorschriften".

Abhilfe: Bei Routinefehlern leisten Checklisten (vgl. Seite 89) gute Dienste. Sie enthalten alle Aktionen und Kontrollen zur Durchführung einer Aufgabe in der korrekten Reihenfolge.

Weil auf Gewohnheiten beruhende Fehler eine negative Auswirkung auf die Berufsausübung haben, stellen sie strategische Kontrollpunkte (vgl. Seite 88) dar, die Ihre Aufmerksamkeit erfordern. Für den Mitarbeiter wird es nicht leicht, eine in Fleisch und Blut übergegangene Gewohnheit aufzugeben. Deshalb unterstützen Sie den Mitarbeiter durch Ihre wohlwollende Begleitung während der Umgewöhnungsphase und erkennen Sie Fortschritte an. Ist nach einer angemessenen Übergangsphase trotz mehrfacher Hinweise und Ermahnungen keine Änderung erkennbar, sind drastische Sanktionen unvermeidlich.

Weiß-nicht-Probleme

Bestehen beim Mitarbeiter Wissenslücken – entweder fehlende Vorbildung oder fehlende Informationen (z. B. Unkenntnis von Rahmenbedingungen, Ursache-Wirkung-Beziehungen und Wechselbeziehungen, die zu falschen

Situationseinschätzungen führen) –, entstehen für das Unternehmen große Risiken. Der Wissende hat für jedes Problem eine Lösung, während der Unwissende bei jeder Lösung ein Problem hat.

Das berufliche Wissen nimmt rapide zu und lässt vorhandenes Wissen schnell veralten. Sorgt das Unternehmen nicht für eine kontinuierliche Aktualisierung und Ausweitung des Know-hows, ist fehlerhaftes Arbeiten vorprogrammiert. Bei Fortbildungen dürfen Mitarbeiter mit geringem Know-how nicht vergessen werden. Bei ihnen können schon geringfügige Änderungen im Arbeitsablauf Fehler bewirken. Weil Unternehmen zwingend auf wissende Mitarbeiter angewiesen sind, gilt eine Erkenntnis von Jean-Jacques Rousseau, dem Schweizer Schriftsteller, Philosophen und Naturforscher (1712–1778):

Die wertvollste Investition überhaupt ist die in den Menschen.

Mit unzureichenden Informationen steigt die Fehlerquote immens. Das Vorenthalten von Informationen durch die Führungskraft („Das braucht der Mitarbeiter nicht zu wissen, das geht ihn nichts an.") verursacht die häufige Mitarbeiterklage: „Mir sagt ja keiner was."

Besonders schwache und unsichere Führungskräfte betrachten Informationen als Machtfaktor. Dem Grundsatz „Teile und herrsche" folgend erhält jeder Mitarbeiter nur jene Informationen, die er zwingend für seinen Arbeitsbereich benötigt – alles andere wird als verzichtbarer Ballast betrachtet. Lediglich die Führungskraft bleibt im Besitz aller Informationen und wähnt damit ihre Stellung gefestigt und unangreifbar. Da dem Mitarbeiter so viele bedeutungsvolle Informationen vorenthalten werden, treten immer wieder vermeidbare Fehler auf.

Ist es um die Informationsweitergabe schlecht bestellt, kommt es zu Informationsausgleichen: Der Mitarbeiter nutzt inoffizielle Kanäle und zapft häufig die Gerüchteküche an. Damit nimmt das Fehlerrisiko enorm zu. Die durch inoffizielle Kanäle fließenden Nachrichten werden weit weniger sorgfältig behandelt und interpretiert als die auf offiziellem Wege übertragenen Informationen. Zudem besteht die Gefahr, lancierten Gerüchten aufzusitzen.

Abhilfe: Defizitausgleich durch Schulung, Coaching, Mentoring sowie Verbesserung der innerbetrieblichen Informationsübermittlung durch Bereitstellen bzw. Hinweisen auf wesentliche Informationen.

Kann-nicht-Probleme

Das vorhandene Wissen ist zwar vorhanden, wird aber nicht oder nur fehlerhaft in die Praxis umgesetzt, es fehlt möglicherweise an Erfahrung.

Abhilfe: Der Volksmund stellt fest: „Übung ist der beste Lehrmeister", denn: „Es ist noch kein Meister vom Himmel gefallen." Folgerichtig sind Trainingsmaßnahmen vorzusehen, in denen das verlässliche und richtige Verhalten – auch in Extremsituationen – systematisch geübt wird.

Will-nicht-Probleme

Der wissende und könnende Mitarbeiter wird sich kaum motiviert in das Arbeitsgeschehen einbringen, wenn seine Aufgaben beispielsweise

- eintönig sind und überwiegend aus ständig wiederkehrenden Arbeitsschritten bestehen,
- keine Herausforderungen bedeuten,
- ihn unterfordern und keinerlei Erfolgserlebnisse vermitteln,
- nicht zur eigenen Fortentwicklung beitragen oder
- keine Verantwortung beinhalten und bedeutungsleer sind.

Diese U-Aufgaben (= unangenehm, unerfreulich, unergiebig, unbequem, unbeliebt, unerträglich, unbefriedigend, undankbar, uncool usw.) provozieren schnell eine innere Kündigung. Weil die Motivation vielfach zu wünschen übrig lässt, mangelt es an Konzentration und Sorgfalt und ein fehlerfreies Arbeiten nimmt nur noch einen geringen Stellenwert ein.

Abhilfe: Den Mitarbeiter motivieren, indem Betriebsziele mit den Mitarbeiterzielen möglichst in Übereinstimmung gebracht werden. Um das verstärkte Engagement des Mitarbeiters zu gewinnen, geht es zunächst darum, seine nicht erfüllten Bedürfnisse zu erkennen. Mit diesem Wissen können ihm Aufgaben übertragen werden, mit deren Lösung zugleich die Befriedigung eines oder mehrerer persönlicher Bedürfnisse verbunden ist. Behält der Mitarbeiter trotz Ihrer redlichen Motivationsbemühungen seine Leistungszurückhaltung bei, muss er mit arbeitsrechtlichen Folgen rechnen.

Dass du nicht kannst, sei dir vergeben, doch nimmermehr,
dass du nicht willst.
HENRIK IBSEN, NORWEGISCHER LYRIKER
UND DRAMATIKER (1828–1906)

Darf-nicht-Probleme

Speziell der leistungsschwache und fehlerhaft agierende Mitarbeiter sieht sich in seinen Handlungsmöglichkeiten beschnitten und mit einem ihn fast entmündigenden Führungsstil seines Vorgesetzten konfrontiert. Ihm werden Kompetenzen aberkannt, er wird von interessanten, herausfordernden Arbeiten ausgenommen, Unterschrifts- und Vertretungsbedürfnisse werden widerrufen.

Abhilfe: Aufhebung diskriminierender Einengungen

Fehlerhafte/missverständliche Informationen

Die zwischenmenschliche Kommunikation ist ein komplizierter und störanfälliger Prozess. Zumeist geht der Sender einer Information von der irrigen Meinung aus, dass seine Botschaft den Empfänger in vollem Umfang erreicht. Störfaktoren wie Fremdwörter, Fachausdrücke, unterschiedlicher Wortschatz, unterschiedliches Bildungsniveau, zu schnelles oder zu undeutliches Sprechen, Konzentrationsmängel oder Lärmeinwirkung können jedoch dazu führen, dass ein Teil der zu übermittelnden Information überhaupt nicht beim Gesprächspartner ankommt. Auch durch Übermittlungs- und Empfangsstörungen wie Hörfehler, eigene Interpretationen oder Ergänzungen glaubt der Empfänger eine Information erhalten zu haben, die der Sender aber so gar nicht abgegeben hat. Demzufolge sollten wir weder erwarten, von einem Gesprächspartner in jedem Fall richtig verstanden zu werden, noch glauben, wir verstünden den Gesprächspartner immer richtig. Wir müssen sogar damit rechnen, dass wir das Nichtverstehen noch nicht einmal bemerken, sodass Fehler auftreten, die Ursachen von Spannungen und Konfliktsituationen sind. Wissenschaftlich ist gesichert, dass das hundertprozentige Verstehen zwischen Menschen unmöglich ist.

Abhilfe: Da wir nicht wissen, ob unsere Informationen von unserem Gegenüber unverfälscht aufgenommen wurden, und wir auch nicht sicher sein können, uns gegebene Informationen korrekt verstanden zu haben, ist ein Feedback unverzichtbar.

Als Nachrichtensender lassen Sie sich eine Nachricht wiederholen:

- „Um mögliche Differenzen auszuräumen, sollten Sie jetzt bitte die wichtigsten Punkte zusammenfassen."
- „Könnten wir zum Abschluss noch einmal gemeinsam unsere Ergebnisse darstellen?"
- „Um Missverständnisse zu vermeiden, erläutern Sie bitte kurz, wie Sie das Projekt starten werden."
- „Ich hoffe, wir haben alles auf den Punkt gebracht. Wenn Sie jetzt so nett sind, die wesentlichen Aspekte noch einmal zu wiederholen?"

Dieses Vorgehen ist erforderlich, auch wenn Ihr Gegenüber hiervon nicht sonderlich angetan sein sollte. Dadurch wird fatalen Übertragungsfehlern vorgebeugt, die einen unnötigen Kosten- und Energieaufwand verursachen und regelmäßig Auslöser von Konflikten sind.

In Ausnahmefällen ist die sogenannte 3-Wege-Kommunikation einzusetzen, wie beispielsweise an Bord eines Schiffes, wenn der Kapitän dem Rudergänger Anweisungen gibt:

1. Der Kapitän teilt dem Rudergänger eine Kursänderung mit.
2. Der Rudergänger wiederholt die empfangene Information.
3. Der Kapitän bestätigt, dass die Wiederholung korrekt ist.

Diese Vorgehensweise verhindert Übertragungsprobleme und trägt wesentlich zur Sicherheit in der Seefahrt bei.

Als Nachrichtenempfänger wollen Sie vermutlich auf Nummer sicher gehen und fragen nach:

- „Wenn ich Sie richtig verstanden habe, …?"
- „Es geht Ihnen also darum, dass …?"
- „Ihrer Meinung nach ist also …?"
- „Kann ich davon ausgehen, dass …?"

Ungelöste persönliche Probleme

Wenn Mitarbeiter mit ihren Gedanken woanders sind, kann das Konzentrationsprobleme, erhöhte Fehlerquoten, Unpünktlichkeit oder ähnliche Hemmnisse auslösen. Führungskräfte sind dann als Konfliktmanager gefordert, Störfaktoren möglichst früh zu erkennen und zu bewältigen.

Abhilfe: Vertrauensvolle Gesprächsführung zwischen Führungskraft und Mitarbeiter, wobei das Ziel des Vorgesetzten nicht darin bestehen sollte, insbesondere private Probleme des Mitarbeiters zu lösen. Die Funktion der Führungskraft sollte sich darin erschöpfen, als „Klagemauer" zur „Verbesserung der allgemeinen seelischen Funktionsfähigkeit" des Mitarbeiters zur Verfügung zu stehen. Zwar können Empfehlungen gegeben werden, der Mitarbeiter muss aber seine Probleme selbst lösen.

Gesundheitliche Probleme

Sind gesundheitliche Probleme die Fehlerursache, trifft den Mitarbeiter kein Verschulden. Somit ist Kritik nicht angebracht, wenn eine gesundheitliche Beeinträchtigung ihn definitiv an einer fehlerfreien Aufgabenerledigung hindert.

Abhilfe: Vertrauensvolle Gesprächsführung zwischen Führungskraft und Mitarbeiter (im Rahmen der gesetzlichen Fürsorgepflicht nach § 618 BGB oder von Rückkehrgesprächen), damit eine gesundheitsbedingte Fehlerhäufigkeit durch geeignete Maßnahmen (z. B. Umsetzung, Versetzung, Stundenreduzierung, berufliche Rehabilitation) vermieden werden kann. Eine personenbezogene Kündigung kann nur dann wirksam werden, wenn drei Voraussetzungen vorliegen:

- negative Gesundheitsprognose
- erhebliche Beeinträchtigung der betrieblichen oder wirtschaftlichen Interessen
- Abwägung der beiderseitigen Interessen

Fehlende Bereitschaft, sich mit einem Fehler zu beschäftigen

Mit pauschalen, blockierenden, abwehrenden und oft auch abwertenden Reaktionen wird vom Verursacher vermieden, auf Fehler einzugehen. Häufig fehlen Sachargumente, sodass lediglich Emotionen mit inhaltsleeren Floskeln bedient werden, mit denen man sich nicht in geistige Unkosten stürzt. Vermutlich kennen Sie Killerphrasen, wie zum Beispiel:

a) „Haben wir immer schon so gemacht!"
b) „Geht doch überhaupt nicht!"
c) „Das muss man völlig anders sehen."

Abhilfe: Gespräch auf die Sachebene zurückführen und die Killerphrase mit einer Gegenfrage oder einem Gegenargument umgehend aushebeln:

a) „Habe ich Sie richtig verstanden? Nur weil wir es immer so gemacht haben, soll es ewig so fehlerhaft weitergehen? So leicht sollte es sich bei uns niemand machen. Was spricht dagegen, den Sachverhalt aus einem anderen Blickwinkel zu betrachten? Eine veränderte Informationsbasis muss dazu führen, das frühere Vorgehen zu überdenken und den aktuellen Gegebenheiten anzupassen."
b) „Sie sagen, das geht doch überhaupt nicht. An welchen Stellen vermuten Sie konkrete Widerstände? Sind die etwa so gravierend, dass wir lieber die Finger davon lassen und weiter mit den alten Fehlern leben sollten?"
c) „Sie meinen, das muss man anders sehen. Welche konkreten und sofort umsetzbaren Vorschläge haben Sie?"

Unvermeidbare Fehler

Derartige Fehler stellen die Menschen vor besondere Herausforderungen. Sie werden beispielsweise ausgelöst durch:

- Naturkatastrophen
- IT-Probleme durch Hacker
- Lockdown bei Pandemien
- Ausfall komplexer Einrichtungen und Organisationen

Solche Situationen berühren regelmäßig viele Arbeitsplätze, sodass dieser Gesichtspunkt ein sofortiges Handeln erfordert. Zumeist fehlt es jedoch an richtungweisenden Notfallplänen oder Erfahrungen.

Abhilfe: Eingreifen der Firmenleitung durch Etablierung eines Krisenstabs, der sich aus eigenem Personal und Externen zusammensetzt. Dieser nimmt zeitverzugslos seine Arbeit auf.

Fazit: Bedenken Sie, dass mehrere Ursachen zusammenspielen und eine Fehlerkette (Fehlerkaskade) auslösen können, die erst nach einer sorgfältigen Analyse erkennbar wird.

Eine sensible Führungskraft überlegt, ob und wie sie helfen kann, Fehlerursachen zu beseitigen oder ihre Hilfe bei Problemlösungen anzubieten. Sie muss das Kernproblem erkennen, denn sonst wird ihr Vorgehen immer Flickwerk bleiben und zwangsläufig weitere Fehler nach sich ziehen. Reflektieren Sie bitte eine Erkenntnis des französischen Schriftstellers Antoine de Saint-Exupéry (1900–1944), die auch für das Erkennen von Fehlerursachen gilt:

Das Wesentliche ist für die Augen unsichtbar.

Um die Ursachen für einen Fehler zu erkennen, kann die vom Toyota-Manager Taiichi Ohno stammende 5-Warum-Methode aufschlussreiche Informationen ans Licht bringen.

Die 5-Warum-Methode

Nicht immer ist die Lösung eines Problems auf den ersten Blick erkennbar. Manchmal liegt die tatsächliche Ursache tief unter der Oberfläche. Bei einem voreiligen Lösungsversuch besteht die Gefahr, nicht die eigentliche Ursache zu behandeln, sondern nur ein Symptom. Solche Scheinlösungen können teuer werden, führen aber nicht zu einer dauerhaften und zufriedenstellenden Lösung. Viel besser ist es, die eigentliche Ursache zu beseitigen, weil dadurch eine Wiederholung des Fehlers verhindert wird.

Mit der 5-Warum-Methode wird versucht, die Wurzel des Problems stufenweise zu erkennen, indem die Situation mit fünf Fragen ausgeleuchtet wird.

Ein Beispiel:

Frage 1: „Warum erhielten wir diesen Auftrag nicht, von dem wir glaubten, ihn bereits an Land gezogen zu haben?“
Antwort: „Weil unsere Präsentation leider nicht überzeugte.“

Frage 2: „Warum überzeugte unsere Präsentation nicht?“
Antwort: „Die Folien waren okay, aber die mündlichen Zusatzinformationen ließen zu wünschen übrig.“

Frage 3: „Warum ließen die mündlichen Zusatzinformationen zu wünschen übrig?“
Antwort: „Nun, Herr X geriet bei den zusätzlichen Fragen des Kunden ins Schwimmen und konnte sie nur unzureichend beantworten.“

Frage 4: „Warum konnte Herr X die Fragen nur unzureichend beantworten?“
Antwort: „Mehrfach war zu erkennen, dass Herr X bei seinen Antworten an der Oberfläche blieb, weil er nicht über die umfassende Fachkompetenz verfügt.“

Frage 5: „Warum verfügt Herr X nicht über die umfassende Fachkompetenz?“
Antwort: „Er gehört erst seit Kurzem zum Vertrieb, ihm fehlt einfach die Erfahrung und die technischen Details waren ihm nur in groben Zügen bekannt.“

Nach der fünften Antwort wird die eigentliche Ursache offensichtlich. Nun wären zielgerichtete Maßnahmen angebracht, damit sich ein ähnliches Dilemma nicht mehr wiederholen kann, zum Beispiel die sporadische Teilnahme von Herrn X als Beobachter an Präsentationen erfahrener Mitarbeiter sowie der Erwerb vertiefender fachlicher Details durch eine betriebsinterne Schulung im Fertigungsbereich.

Mitarbeiter leiden unter Versagensängsten

> Den größten Fehler, den man im Leben machen kann,
> ist, immer Angst zu haben, einen Fehler zu machen.
> DIETRICH BONHOEFFER, DEUTSCHER THEOLOGE UND WIDERSTANDSKÄMPFER (1906–1945)

Die Angst vor Fehlern kann eine erhebliche Beeinträchtigung der Lebensqualität und des Leistungsvermögens bewirken. Hierbei auftretende Symptome können sich zu Angstgebirgen auftürmen und Denkblockaden auslösen. Solche Beschwerden können zum Beispiel sein:

- allgemeine Übelkeit
- Appetitlosigkeit
- Herzklopfen
- Katastrophenfantasien
- Konzentrationsstörungen
- Magen-Darm-Beschwerden
- Nervosität und körperliche Anspannung
- Schlafstörungen
- Schweißausbrüche
- steigender Puls

Je häufiger wir Ängste spüren, desto eher können die aufgeführten Symptome chronisch werden. Insbesondere für in die Zukunft gerichtete Ängste scheinen die Deutschen besonders empfänglich zu sein, denn nicht von ungefähr wird international von der „German Angst" gesprochen.

Häufig führt die Angst vor Fehlern zu übertriebenem Sicherheitsdenken, zur Lähmung der Kreativität und zur Verhinderung von Innovationen. Darüber hinaus verhindert sie die persönliche und berufliche Entwicklung. Zudem führen Ängste oft zu Verkrampfungen, die erneut Fehler auslösen, die sonst kaum passieren würden. So provoziert das Bedürfnis, jeden Fehler vermeiden zu wollen, ungewollt Stillstand und Abstieg.

> Wer noch nie einen Fehler gemacht hat,
> hat sich noch nie an etwas Neuem versucht.
> ALBERT EINSTEIN, DEUTSCHER PHYSIKER (1879–1955)

> Zeigen Sie mir jemanden, der noch keinen Fehler gemacht hat, und ich zeige Ihnen einen Menschen, der noch nie etwas geleistet hat.
> THEODORE ROOSEVELT, EHEM. US-PRÄSIDENT (1858–1919)

Bestimmt die Angst vor Fehlern unser Leben und stellt sich das Gefühl ein, der Angst hilflos ausgesetzt zu sein, schränken wir unser Potenzial ein:

- Gewohnte Bahnen werden nicht verlassen, wir gehen auf Nummer sicher und verharren in der ungefährlichen Komfortzone.
- Neuen und unbekannten Situationen sowie Veränderungen stehen wir reserviert gegenüber, während ein Dienst nach Vorschrift favorisiert wird.
- Potenzielle Chancen, Fortschritte und Entwicklungsmöglichkeiten bleiben ungenutzt.

Hiermit ist die Hoffnung verbunden, Fehlern keine Chance zu geben sowie die Angst zu vermindern, das eigene Image zu ramponieren und sich bis auf die Knochen zu blamieren. Im Extremfall werden sämtliche Vorhaben und Handlungen vermieden, die Neuland bedeuten.

So lenkt die Angst vor Fehlern von den eigentlichen Aufgaben ab. Schließlich besteht die Berufstätigkeit darin, die Aufgaben ordentlich zu erledigen und Erfolge zu erzielen, statt sich ständig vor Fehlern zu fürchten.

Jedoch beschränkt sich die Angst vor Fehlern nicht nur auf Mitarbeiter, sondern beeinträchtigt auch das Handeln von Führungskräften, insbesondere wenn bedeutende Entscheidungen zu treffen sind. Mit ihrer Entscheidungsschwäche bestätigen sie den Ausspruch von Karl Valentin, dem bekannten deutschen Komiker und Autor (1882–1948):

> Mögen hätt ich schon wollen, aber dürfen hab ich mich nicht getraut.

Die Angst vor fehlerhaften Entscheidungen lähmt und das Hinausschieben von Entscheidungen raubt Energie und bereitet schlaflose Nächte.

Betriebliche Entscheidungen sind häufig mit unvollständigen Informationen und mangelnder Kenntnis möglicher Auswirkungen zu treffen. Da jede Entscheidung in die Zukunft wirkt und somit immer mit einem Risiko behaftet ist, werden etliche Entscheidungen nicht oder nur sehr zögerlich getroffen. Glaubt eine Führungskraft, eine anstehende Entscheidung würde sich durch konsequentes Übersehen von selbst erledigen, verspielt sie das wichtige Vertrauen der Mitarbeiter.

Tatsachen schafft man nicht dadurch aus der Welt, indem man sie ignoriert.
ALDOUS HUXLEY, BRITISCHER SCHRIFTSTELLER (1894–1963)

Trifft dieser „langsame Brüter" endlich, nach einer längeren Phase des Stillstands, nach vielem Grübeln und unter großen Bauchschmerzen, eine Entscheidung, kann der Zug schon abgefahren sein.

Eine Garantie, das Richtige zu entscheiden, gibt es nicht. Entscheidungen zu treffen bedeutet auch, häufig zu experimentieren, was auch Fehlentscheidungen zur Folge haben kann. Diese lassen sich eher vermeiden, wenn ein Entscheidungsprozess mit System vorangeht (vgl. Seite 44).

Eventuell können ängstliche Entscheider eine zweite Meinung einholen. Allerdings ist unbedingt darauf zu achten, dass der eingeschaltete Berater

- vertrauenswürdig ist (schließlich geht man ein Risiko ein und liefert sich aus),
- die verunsicherte Führungskraft wirklich gut kennt (Ratschläge sollten den Charakter des Ratsuchenden berücksichtigen und nicht nur den Blickwinkel des Ratgebers umfassen) und
- genau über die Sachlage informiert ist (sonst leidet die Qualität des Ratschlags eventuell unter mangelndem Fachwissen).

Die erweiterte Informationsbasis hilft der zuständigen Führungskraft, ihre Entscheidung zu treffen und anschließend auch zu vertreten.

Nur in Extremsituationen kann eine falsche Entscheidung Leben kosten oder zerstören. Im Normalfall müssen sich Führungskräfte nach einer Fehlentscheidung mit einer veränderten Ausgangslage auseinandersetzen, die neue Chancen eröffnet. Bei wichtigen Entscheidungen kann es sich als vorteilhaft erweisen, rechtzeitig einen Plan B zu entwickeln.

Wer jede Entscheidung zu schwer nimmt, kommt zu keiner Entscheidung. Geht eine Führungskraft Entscheidungen aus dem Weg, lädt sie sich zusätzliche Schwierigkeiten auf: Große Probleme waren einmal kleine Probleme, die nicht rechtzeitig angepackt, nicht ernst genommen und beiseitegeschoben oder verdrängt wurden. Spätestens dieser Gesichtspunkt sollte entscheidungsschwache Führungskräfte veranlassen, schneller und häufiger zu entscheiden. Eventuell hilft eine Empfehlung des großen deutschen Dichters Johann Wolfgang von Goethe (1749–1832):

Entscheide lieber ungefähr richtig als genau falsch.

FEHLER VERMEIDEN: ENTSCHEIDUNGSPROZESS STRUKTURIEREN

Problemanalyse

- Was ist das Problemfeld?
- Wer ist daran beteiligt?
- Welche Interessen verfolgen die Beteiligten?
- Gibt es Interessenkonflikte?
- Wie kam es zu dem Problem?
- Was ist vorgefallen?
- Wo passierte es?
- Wann ereignete es sich?
- Welches Ausmaß liegt vor?

Zielformulierung

- Welche Ziele sollen angesteuert werden?
- Welcher Zielerreichungsgrad wird angestrebt?
- Welche Zielhorizonte schweben einem vor?

Handlungsalternativen

- Was kann sonst noch getan werden?
- Welche Lösungsmöglichkeiten gibt es?

Bewertungsphase

- Welche ist die relativ beste Lösung?
- Welche Auswirkungen hat sie?
- Stellen sich negative Folgen ein?
- Wie ist der Ressourcenverbrauch?
- Wie sieht die Zielerreichung aus?

Entscheidung und Umsetzung

- Wie sieht die eigentliche Entscheidung aus?
- Wie soll nach konkreter Entscheidung vorgegangen werden?
- Welche Handlungsprogramme oder Aktionspläne sollen realisiert werden?
- Welcher Zeithorizont ist einzuplanen?

Ergebnis

- Wurde das Ziel erreicht?
- Ist eine Prozessanalyse erforderlich (spätere Untersuchung über die Funktionsfähigkeit der Entscheidung und die Einhaltung getroffener Absprachen)?
- Sind Korrekturen erforderlich, wenn bestimmte Situationen falsch eingeschätzt wurden?

Der ängstliche Mitarbeiter

Schon die Vorstellung, für einen soeben entdeckten Fehler zur Rechenschaft gezogen zu werden, lässt bei wenig selbstbewussten Mitarbeitern Alarmsirenen schrillen. Sie reagieren in diesem Fall bisweilen mit Schockstarre oder Ärger, Wut und Enttäuschung. Manchmal steigern sie sich sogar bis zu einem Tobsuchtsanfall und lassen (hoffentlich ohne Zeugen) ihre Frustration an ihren unschuldigen Büromöbeln oder Gerätschaften aus. Häufig wird auch schnell mit ungeordneten Aktivitäten begonnen, die dann wie folgt gerechtfertigt werden:

- „Da muss ich doch gleich etwas tun, bevor noch mehr anbrennt."
- „Jetzt kann ich doch nicht die Hände in den Schoß legen."
- „Das kann ich nicht auf mir sitzen lassen."

Besser wäre es, derartige Aktivitäten ein wenig aufzuschieben, es sei denn, Gefahr ist unmittelbar im Verzug. Dafür sollte der Fehlerverursacher die folgenden Empfehlungen beherzigen, um seinen Stresspegel zu senken und anschließend entspannter auf die Situation reagieren zu können.

Lachen/lächeln Sie!

Erklärt ein Mitarbeiter nach einem Fehler: „Mir ist das Lachen vergangen" oder: „Ich habe nichts zu lachen", ist er vermutlich vom Schlechte-Laune-Virus infiziert. So wird er skeptisch auf den ungewöhnlichen Ratschlag „Lachen/lächeln Sie" reagieren, obwohl es sich dabei um einen wissenschaftlich bestätigten und entsprechend ernst zu nehmenden Vorschlag handelt.

Selbst wenn Sie im Moment durchhängen und sich in einer schlechten Stimmung befinden, können Sie sich durch eigenes Zutun aus dem Tal der Tränen befreien. Hierbei ist es wichtig, mindestens für 60 Sekunden zu lachen bzw. zu lächeln. Gelingt Ihnen das nicht, reicht es, das Gesicht eine Minute lang zu einem Grinsen zu verziehen. Hiermit setzen Sie eine neurophysiologische Kettenreaktion in Gang:

- Beim Lachen/Lächeln/Grinsen gehen Ihre Mundwinkel nach oben.
- Der dabei aktivierte Muskel drückt auf den Fazialisnerv.
- Dieser Nerv sendet die Nachricht „Das Gesicht lächelt" an das Gehirn.
- Sofort schüttet das Gehirn Endorphine (sog. Glückshormone) aus.
- Die Endorphine „fressen" die Kampf- und Fluchthormone Adrenalin und Noradrenalin auf.
- Ergebnis: Sie fühlen sich bei dieser positiven Hormonlage sehr viel wohler in Ihrer Haut.

Bemühen Sie sich um Tiefatmung.

Ihre Anspannung können Sie durch bewusste Tiefatmung („Ich atme jetzt erst einmal tief durch.") lindern. Die verstärkte Sauerstoffzufuhr beruhigt Ihre Nerven, wirkt also spannungsmindernd, und unterstützt die Denkfähigkeit des Gehirns. Das allgemeine Wohlbefinden und Ihr Leistungsvermögen steigen, weil Herz, Kreislauf und Körpergewebe nicht unter Sauerstoffmangel leiden. Damit beugen Sie auch einem Herzinfarkt vor.

Entspannen Sie sich.

Diese Empfehlung ist besonders wichtig für solche Personen, die ein Missgeschick nicht schnell abhaken können, sondern die Gedanken daran länger mit sich herumschleppen. Sie ärgern sich über den Fehler, ihre eigene Dummheit und ihre eigene Unzulänglichkeit und bestrafen sich tagelang mit Vorwürfen und Schimpftiraden. Damit bleiben sie im Negativen stecken. Sie wären gut beraten, gnädig mit sich umzugehen und zur Kenntnis zu nehmen, dass der Fehler ein ausgezeichneter Ratgeber ist. Er hilft, künftig die Dinge zu verbessern und schneller auf die Reihe zu bekommen.

Falls Sie klassische Entspannungsübungen wie autogenes Training, Meditation oder progressive Muskelentspannung kennen, ist jetzt ein guter Zeitpunkt für deren Einsatz gekommen.

Auch Bewegung in der Natur ist zu empfehlen. Bereits ein zwanzigminütiger Spaziergang kann zu einer wesentlichen Reduzierung des Stresshormons Cortisol in Ihrem Körper führen.

Bewahren Sie Ruhe.

Eine niederschmetternde und pessimistische Stimmung ist keinesfalls angebracht. Auch wird sich in den allermeisten Fällen nichts Grundlegendes verändern. Selbst bei wirklich ärgerlichen Fehlern bringt es uns nicht weiter, hektisch und panisch zu reagieren, endlos über den Fauxpas zu lamentieren und sich Vorwürfe über die eigene Dummheit bzw. die eigene Unzulänglichkeit zu machen.

Besser ist es, den Aufruf des preußischen Ministers Friedrich Wilhelm Graf von der Schulenburg-Kehnert (1742–1815) zu beherzigen:

> Ruhe ist die erste Bürgerpflicht.

Übersetzt in die heutige Umgangssprache: Bleiben Sie cool.

Vermeiden Sie – falls möglich – überstürzte, unüberlegte Aktivitäten.

Verlangt Ihr Chef oder erfordern gravierende Umstände Ihr sofortiges Eingreifen, werden Sie unverzüglich aktiv. In allen übrigen Fällen warten Sie erst einmal ab und agieren erst mal nicht, getreu dem Motto: „Gut Ding will Weile haben." Würden Sie jedem erkannten Fehler oberste Priorität verleihen und sich mit aller Energie auf ihn fokussieren, würden Ihre sonstigen wichtigen und dringenden Arbeiten darunter leiden.

Das kurzzeitige Hinausschieben der Fehlererledigung kann sich als positiv erweisen, wenn Sie hierdurch Zeit für eine ausgewogenen Vorgehensweise gewinnen. Sie könnten dadurch auch Ihrem Unterbewusstsein Gelegenheit geben, sich mit dem Fehler und seinen Begleiterscheinungen zu beschäftigen. Vermutlich haben Sie folgende Situation schon erlebt: Sie wissen nicht, was Sie tun sollen, und schieben eine Entscheidung vor sich her. Plötzlich, aus heiterem Himmel, geht Ihnen ein Licht auf: Die Lösung wird Ihnen von Ihrem Unterbewusstsein, das sich unentwegt mit dem Problem beschäftigt hat, in Ihr Bewusstsein gespült. Sie reagieren erleichtert: „Warum nicht gleich so?"

Denken Sie nicht an das Schlimmste.

Befürchten Sie den absoluten Worst Case und malen Sie sich diesen mit den fürchterlichsten Konsequenzen aus, bauschen Sie dabei die Situation unnötig auf. Selbst wenn es sich im ersten Moment wie der Weltuntergang oder das Ende Ihres Arbeitsverhältnisses anfühlt, wird Ihnen in der Realität niemand den Kopf abreißen. Aus Erfahrung wissen Sie: Es wird nicht alles so heiß gegessen, wie es gekocht wird.

Der US-amerikanische Schriftsteller Mark Twain (1835–1910) schrieb:

> Ich hatte mein ganzes Leben lang viele Probleme und Sorgen.
> Die meisten von ihnen sind aber niemals eingetreten.

Sie wirken Wahrnehmungsverzerrungen des ersten Augenblicks entgegen, indem Sie den Eintritt befürchteter Folgen realistisch analysieren:

- Ist das ein Super-GAU, bei dem die Welt untergeht?
- Was kann schlimmstenfalls bei diesem Fehler passieren?
- Geht es für mich wirklich um Sein oder Nichtsein?
- Wie sehen normalerweise zu erwartende Konsequenzen (nach eigenen Erfahrungen oder Beobachtungen bei Kollegen) aus?
- Wie wahrscheinlich ist der Eintritt dieser Konsequenzen im aktuellen Fall? Bin ich Ersttäter oder Dauersünder?
- Ist der Fehler wirklich so furchtbar schlimm oder können sich durch ihn auch positive Folgen ergeben?

So gehen Sie auf Distanz zu Ihren anfänglichen Befürchtungen und verdrängen emotionale Überreaktionen. Falls Sie nicht unter Zeitdruck stehen, könnten Sie zusätzlich eine externe Einschätzung von einer Vertrauensperson einholen (vgl. Seite 43).

Bleiben Sie optimistisch.

Beschäftigen Sie sich selbstzweifelnd und unsicher mit möglichen und unmöglichen Schwierigkeiten und betrachten sich als Pechvogel, beeinflussen Sie nach dem Gesetz der selbsterfüllenden Prophezeiung unbewusst Ihr Verhalten, sodass Ihre Befürchtungen zumeist auch eintreten. Ihre hieraus resultierende schlechte Laune kann auf Ihre Umgebung ansteckend wirken und zu Ihrer Isolation beitragen.

Demgegenüber kann die positive Einstellung des Optimisten wahre Wunder bewirken. In seiner Natur liegt es, das Beste aus der jeweiligen Situation zu machen und in allem noch etwas Positives zu entdecken. Er blendet lähmende Überlegungen aus und motiviert sich dafür mit positiven Einschätzungen:

- „Das schaffe ich ganz bestimmt."
- „Das ist kein Grund zur Panik."
- „Heute wird trotzdem ein guter Tag."

Der ehemalige britische Premierminister Winston Churchill (1874–1965) charakterisierte den Optimisten wie folgt:

> Ein Pessimist sieht eine Schwierigkeit in jeder Gelegenheit,
> ein Optimist sieht eine Gelegenheit in jeder Schwierigkeit.

Also: Statt den Teufel an die Wand zu malen, sprechen Sie sich Mut zu und klopfen sich – bildlich gesprochen – hin und wieder kräftig und anerkennend auf die Schulter!

Erinnern Sie sich an frühere Erfolge.

Vermutlich haben Sie in der Vergangenheit bereits Hürden überwunden, die deutlich höher waren als die jetzige. Statt an ein Versagen zu denken, tanken Sie mit dem Blick auf frühere Erfolgserlebnisse Sicherheit. Ein erfolgreiches Gelingen aus früheren Zeiten baut Sie auf:

- „Das habe ich doch schon einmal gut geschafft!"
- „Auch damals war es anfangs schwierig – bis es dann leichter wurde."

- „Ich habe allen Grund, auf bisherige Leistungen stolz zu sein. Obwohl nicht alles perfekt lief, habe ich das alles gut hinbekommen."
- „Bisher habe ich doch alles erfolgreich abhandeln können."

Die angenehmen Erinnerungen hellen Ihre Stimmung auf, und Sie gehen mit größerem Selbstvertrauen und frischem Mut an die Beseitigung bzw. Abmilderung der Fehlerfolgen.

Gehen Sie von der gegenwärtigen Situation aus.

Betrachten Sie die momentane Situation – sei sie noch so schlimm – als gegeben und gehen Sie vom aktuellen Sachstand aus. Es ist müßig, sich endlos den Kopf zu zerbrechen, warum, wieso, weshalb etwas passierte und wie Sie besser hätten vorgehen können. Streichen Sie daher derartige Fragen an sich selbst:

- „Was ist da nur in mich gefahren?"
- „Weshalb habe ich nicht auf mein Bauchgefühl gehört?"
- „Was habe ich mir nur dabei gedacht? Das hätte mir doch auffallen müssen!"
- „Hatten mich da alle guten Geister verlassen?"

Erkannte Fehler können Sie mit Vorwürfen und Selbstzweifeln nicht ungeschehen machen. Diese Grübeleien bringen Sie nicht voran, sondern stehen Ihren künftigen Aktivitäten nur im Weg.

Ärgern Sie sich im Nachhinein, bedenken Sie aber:

> Das Ärgerliche am Ärger ist, dass man sich selbst schadet,
> ohne anderen zu nutzen.
>
> KURT TUCHOLSKY, DEUTSCHER SCHRIFTSTELLER (1890–1935)

Es bleibt Ihr gutes Recht, sich zu ärgern. Doch niemand verpflichtet Sie dazu!

Vermeiden Sie Schnellschüsse.

In dem Bemühen, die Folgen des Fehlers zu begrenzen oder aus der Welt zu schaffen, entwickeln manche Menschen sofortige intuitive und ungeordnete Aktivitäten. Werden diese im Nachhinein auf ihre Wirksamkeit untersucht, wird man ernüchtert feststellen, dass das Angestrebte verfehlt wurde. Erfolgreicher wären stattdessen wohlüberlegte und angemessene Aktivitäten nach dem Motto „Erst denken, dann handeln!" gewesen. Selbst wenn Sie als „Macher" gelten wollen, vermeiden Sie Schnellschüsse nach der sogenannten Ksf-Methode (kurz – schnell – falsch). Eine flüchtige Herangehensweise mit bedenklichen Folgen wäre kontraproduktiv und würde Ihr Image beschädigen. Falls die Zeit es zulässt, sollten Sie vor weiteren Aktivitäten eine Nacht über Ihr Problem schlafen. Der zeitliche Abstand drängt Wahrnehmungsverfälschungen zurück, sodass sich Ihre „grauen Zellen" nach Abklingen störender emotionaler Überreaktionen realitätsnaher einschalten können.

Blicken Sie in die Zukunft.

Setzen wir die Fehler, die uns momentan Bauchschmerzen bereiten, in Relation zu unserem gesamten Leben, können wir deren geringen Wirkungsgrad erkennen. Der uns jetzt in den Gliedern steckende Schrecken würde sich in nichts auflösen – möglicherweise würden wir sogar darüber lachen.

Fragen Sie sich, wie Sie den Fehler und die gegenwärtige Situation wohl in fünf Jahren beurteilen werden. Vermutlich werden Sie sich dann kaum noch an das heutige Malheur und Ihre stresserfüllte Situation erinnern. Befürchtetes wird sich nicht oder nur in einem geringen Ausmaß eingestellt haben. Vielleicht konnte der Fehler ohne großen Aufwand behoben werden. Möglicherweise ergaben sich hieraus zunächst nicht absehbare positive Aspekte.

Ziehen Sie einen Schlussstrich.

Die meisten Fehler haben nur eine geringe Halbwertzeit. Bereits nach wenigen Tagen oder Wochen kräht kein Hahn mehr danach. Auch nehmen Dritte manchmal Ihr Malheur nicht als gravierenden Fehler wahr, um den sich längerfristig die Aufmerksamkeit drehen muss:

- „Das ist doch nur halb so wild."
- „Die Aufregung lohnt sich nicht."
- „Es gibt Schlimmeres, bleiben Sie doch ruhig! Das Leben geht weiter."

- „Diese Situation kenne ich aus eigenen Erfahrungen. Kopf hoch, das wird schon!“
- „Machen Sie doch nicht aus einer Mücke einen Elefanten!“

Schließlich haben andere Personen mit ihren eigenen Problemen, Sorgen und Nöten genug zu tun und werden sich nur am Rande über längere Zeit mit Ihren Fehlern beschäftigen. Außerdem wissen sie zumeist, dass sie selbst nicht perfekt arbeiten, und können sich deshalb in andere Menschen besser hineinfühlen und Fehltritte vergeben.

Der Sänger Mark Forster beschreibt es treffend in seinem Hit „Sowieso“:

Egal was kommt, es wird gut, sowieso.
Immer geht 'ne neue Tür auf, irgendwo.
Auch wenn's grad nicht so läuft, wie gewohnt,
egal, es wird gut, sowieso.

Der ursprünglich in Ihren Augen schwierigen Situation sollten Sie nicht dauerhaft nachhängen. Sind die Fehlerfolgen auf Ihrer Seite unbedeutend, gehen Sie für die Öffentlichkeit kommentarlos über das Geschehene hinweg oder bügeln Sie den Fehler ohne großen Aufwand aus. Intern kann das Motto „Augen zu und durch!“ jedoch nicht gelten, denn Sie sollten jeden Fehler darauf abklopfen, welche Lehren Sie aus ihm ziehen können. Würden Sie nichts aus dem Fehler lernen, wären Sie dazu verurteilt, diesen Fehler zu wiederholen und immer wieder Misserfolge zu erleben.

Nicht vergessen: Gravierenden Fehler unverzüglich melden (vgl. Seite 104)!

Mitarbeiter zeigen Abwehrreaktionen

Soll ein Mitarbeiter für einen Fehler zur Rechenschaft gezogen werden, stellt sich für ihn im Zweifelsfall zunächst die Frage:

Habe ich diesen Fehler zu verantworten?

Merkt er, dass er für einen von ihm nicht verursachten Fehler den Kopf hinhalten soll, bemüht er sich um eine Richtigstellung:

- „Ich bin nicht die richtige Ansprechperson. Wenden Sie sich besser an …"
- „Sie schreiben mir diesen Fehler zu, obwohl die Weisung bestand, …"
- „Mir wird dieser Fehler in die Schuhe geschoben, statt der Ursache auf den Grund zu gehen und organisatorische Unzulänglichkeiten zu beheben."
- „Ihren Vorwurf akzeptiere ich nicht, weil er nicht zutrifft. Werfen Sie einen Blick in die Niederschrift vom …, dann werden Sie feststellen, dass meinerseits kein Fehler vorliegt."

Wird dem „Angeklagten" berechtigterweise ein Fehler angekreidet, sollte er die Verantwortung für das Missgeschick übernehmen, auch dann, wenn er den Fehler nicht absichtlich verursacht hat.

In der Praxis lassen sich bei Mitarbeitern spezielle Verhaltensweisen beobachten, um die Furcht vor Fehlern zu reduzieren und die mit Fehlern verbundenen negativen Begleiterscheinungen zu verringern.

Leistungszurückhaltung

Devise: Wer nicht/wenig arbeitet, kann keine/kaum Fehler machen.

Sie kennen die zweifelhafte Weisheit: „Es gibt nichts, was sich durch längeres Liegenlassen nicht von selbst erledigt."

Mancher Mitarbeiter identifiziert sich mit dieser banalen Aussage. Andere wenden lieber die Robinson-Methode (Montag Arbeitsposition einnehmen und auf Freitag warten) an, als etwas potenziell Falsches zu tun. So soll jedes Risiko vermieden werden. Außerdem wird versucht, sich mit minimalem Aufwand durch den Arbeitstag zu mogeln. Diese Menschen sind auch gern bereit, sich mit platten Aussagen des Volksmunds zu solidarisieren, so zum Beispiel:

- „Arbeit ist die Würze des Lebens – darf also nur mäßig genossen werden."
- „Hoch lebe die Arbeit – so hoch, dass ich nicht rankomme."
- „Arbeit ist süß – aber ich bin Diabetiker!"
- „Arbeit adelt – ich bleibe lieber bürgerlich."

Im Extremfall beschreitet der Mitarbeiter mit seiner bewussten Leistungs- und Arbeitszurückhaltung einen gefährlichen Weg. Kann nämlich der Arbeitgeber vor dem Arbeitsgericht deutlich machen, dass der Arbeitnehmer seine Arbeit gezielt verschleppt, hat eine Kündigungsklage größere Aussicht auf Erfolg.

Die Angst vor Fehlern führt zu Lähmungserscheinungen: Der Mitarbeiter agiert zögerlich, unmotiviert und unentschlossen. Eigene Ideen werden nicht kommuniziert und in das Unternehmen eingebracht. Entscheidungen werden aufgeschoben, ausgebremst oder in Arbeitskreise, Projektgruppen und Ähnliches verlagert. Dadurch fühlt man sich als bestenfalls durchschnittlicher Mitarbeiter unerkannt und unauffällig und will mit der „Alles-übersich-ergehen-lassen"-Haltung als Ja-Sager, Abnicker und Leisetreter seine Ruhe haben. Natürlich bleiben bei diesem bewussten Verzicht auf Engagement und Eigeninitiative die erzielten Arbeitsergebnisse maximal im durchschnittlichen Bereich.

Aus der Befürchtung heraus, bei fehlerhaftem Verhalten negative Konsequenzen für das eigene berufliche Fortkommen auszulösen oder vom Vorgesetzten gerüffelt zu werden, handeln vorsichtige Mitarbeiter nach dem Grundsatz: „Mach bloß keinen Fehler!" Diese Misserfolgsvermeider fühlen sich nicht angesprochen, wenn mit Risiken behaftete, herausfordernde oder neue Aufgaben anstehen, sondern ziehen sich mit einem „Lieber nicht" auf die üblichen Aufgaben zurück und genießen den ungefährlichen Status quo. Diese Passivität lässt es nicht einmal zu, den Versuch zu starten, sich mit einer neuen Situation zu beschäftigen. Das Hauptziel besteht nicht in einer guten Aufgabenerledigung und dem Erzielen von Erfolgen, sondern nur noch in der Fehlervermeidung nach der Devise: „Nur ja nichts falsch machen."

Verteidigen/Abstreiten/Ausflüchte bringen/Kleinreden/Leugnen

Devise: Ich war es nicht – Schuld sind immer die anderen oder die Umstände oder beides.

Mancher Mitarbeiter will einen auf sein Konto gehenden Fehler nicht auf sich sitzen lassen. Er möchte ungeschoren davonkommen und nicht an den Pranger gestellt werden. Hier kommt der sogleich ausgelöste Verteidigungs- oder gar Gegenangriffsimpuls zum Einsatz. Mit einer Vorwärtsstrategie wird das Ziel verfolgt, Kritik als völlig ungerechtfertigt zurückzuweisen. Um die Wirkung zu verstärken, lässt sich die Kritik auch als unfairer Angriff auf die eigene Person bezeichnen:

- „Sie sind ja ein Musterknabe, dem so etwas noch nicht passiert ist. Jetzt geht es Ihnen vermutlich nicht um die Sache, Sie wollen mich damit doch nur ins Abseits stellen."

- „Ich dachte, wir würden kooperativ miteinander umgehen. Indem Sie mir jetzt einen Fehler unterjubeln, untergraben Sie eine kollegiale Zusammenarbeit."
- „Über diese Lappalie zu streiten, lohnt sich wirklich nicht. Sie verfolgen wohl das Ziel, mich in ein schlechtes Licht zu rücken. Aber das wird Ihnen nicht gelingen, denn alle Kollegen …"

Bei dieser Flucht nach vorn sind Mitarbeiter meist nicht um Ausreden verlegen, die vorrangig das Ziel haben, die Beschädigung des positiven eigenen Selbstbilds zu verhindern. Ihnen fällt es nicht schwer, aus dem Stegreif tausend Gründe zu nennen, weshalb der Fehler nicht zu vermeiden war:

- „Das ist nicht meine Schuld, schließlich hatte ich nicht die aktuellen Informationen …"
- „Kein Wunder, dass es nicht geklappt hat. Warum bekomme ich immer nur inkompetente Mitarbeiter?"
- „Die Werbeabteilung ist uns in den Rücken gefallen, sodass dieser Fehler zwangsläufig auftreten musste!"

Allerdings kosten diese Rechtfertigungsarien nur Nerven und Zeit, bringen unter dem Strich aber kaum etwas. Auch werden Fehler als nicht existent oder unerheblich dargestellt:

- „Man kann das auch anders sehen …"
- „Das kann doch überhaupt nicht sein!"
- „Wo gehobelt wird, fallen Späne."
- „Man wird doch wohl mal einen Fehler machen dürfen?"
- „Weshalb dieser ganze Zirkus? Ist doch alles halb so schlimm."
- „So viel Aufregung bei dieser unwesentlichen Lappalie. Wenn Sie nicht mehr zu sagen haben …"

Wir können uns vermutlich alle an Situationen erinnern, in denen Menschen mit unsachlichen, schnell widerlegbaren, grotesken, bizarren, unglaubwürdigen, weit hergeholten, realitätsfernen, weitschweifigen oder unlogischen Begründungen eine Schuld von sich gewiesen haben. Nicht selten werden Gewissensbisse ausgeblendet, Berichte geschönt, die „Schuld" ohne Skrupel auf Mitarbeiter oder Kollegen abgewälzt oder Lügengebäude errichtet.

> Einen Fehler durch eine Lüge zu verdecken heißt,
> einen Flecken durch ein Loch zu ersetzen.
> ARISTOTELES, GRIECHISCHER GELEHRTER UND PHILOSOPH (384–322 V. CHR.)

Nach einer repräsentativen Online-Umfrage des Meinungsforschungsinstituts YouGov Deutschland im März 2020 lügen 45 Prozent der deutschen Arbeitnehmer bei „kleinen Lügen", um gut über die Runden zu kommen.[1] Bei „großen Lügen", die vorsätzlich erfolgen und Tatsachen grob verdrehen, erklärten 8 Prozent der Berufstätigen zu lügen, um sich im Berufsleben durchzusetzen.

Vorrangig bei Fehlern und Misserfolgen wurde die Unwahrheit gesagt und dabei in Kauf genommen, Vertrauen zu verspielen.

> Menschen, die in kleinen Dingen achtlos mit der Wahrheit umgehen,
> kann man bei wichtigen Dingen nicht vertrauen.
> ALBERT EINSTEIN, PHYSIKER (1879–1955)

Bei den Verteidigungsaktivitäten wird auch nicht vor „Kollateralschäden" zurückgeschreckt, indem bei den Schuldzuweisungen, Ausreden und Rechtfertigungen Unbeteiligte bloßgestellt und mit Vorwürfen überhäuft werden. Es wird das Ziel angesteuert, anderen Betriebsangehörigen die Schuld für das Malheur unterzujubeln und sich selbst vollständig aus der Verantwortung zu stehlen.

Indem der Schuldabstreiter einen von ihm verursachten Fehler zurückweist, hinterfragt er nicht sein Verhalten. Neben seiner unterentwickelten Fähigkeit zur Selbstkritik lässt er beim Anschwärzen anderer Personen seine Missachtung für Kollegen bzw. Mitarbeiter erkennen. Auch dokumentiert sein unkollegiales Verhalten ein Defizit an Ehrlichkeit sowie an der Bereitschaft zu kollegialer Zusammenarbeit.

Mit der eher destruktiven Verteidigungshaltung und der Suche nach dem „wahren Schuldigen" werden keine neuen Perspektiven ins Auge gefasst. Statt rückwärtsgewandter Aktivitäten würde der Blick in die Zukunft bessere Chancen bieten, an eigenen Schwächen zu arbeiten, eigene Stärken noch weiter zu verbessern und gute Lösungen zu finden.

---

[1] vgl. www.capital.de/karriere/fast-jeder-zweite-luegt-im-job

Vertuschen

Devise: Mein Name ist Hase, ich weiß von nichts.

Obwohl der Mitarbeiter einen ihm anzulastenden Fehler bemerkt, übersieht er ihn offiziell, lenkt die Aufmerksamkeit auf andere Punkte, leugnet ihn notfalls und tut überhaupt nichts, um das nahende Unheil für das Unternehmen abzuwenden. Mit den Vorsätzen „Nur nicht daran rühren" und „Warum einen Fehler erwähnen, wenn er nicht auffällt?" hofft er, sich keine Unannehmlichkeiten einzuhandeln, vor allem durch Fehler verursachte Mehrarbeit zu vermeiden.

Dieser Mensch schämt sich für seinen Fehler, befürchtet einen Gesichtsverlust und möchte keine schmerzhaften Sanktionen erleiden. Zum Selbstschutz kehrt er den Fehler unter den Teppich, um diesen anschließend so tief in einem dunklen Keller zu verstecken, dass der Fehltritt für alle Zeit unentdeckt bleibt. Hier offenbart er eine gefährliche, nicht entschuldbare Charakterschwäche.

Albert Einstein verurteilte dieses fatalistische Vorgehen massiv:

> Die reinste Form des Wahnsinns ist es, alles beim Alten zu lassen und gleichzeitig zu hoffen, dass sich etwas ändert.

Die feige Strategie, einen Fehler nicht zu bekennen und nicht zu beheben, kann hin und wieder aufgehen. Jedoch kommen gravierende Fehler zumeist doch irgendwann ans Tageslicht und die Scheinwelt bricht zusammen. Zwischenzeitlich hatte der Fehler Gelegenheit, sich unbemerkt auszubreiten, sich zu vermehren, sich zu vergrößern und Fehlerketten (Fehlerkette = eine regelmäßig in einer bestimmten Reihenfolge ablaufende oder aufeinander aufbauende Fehlerabfolge) zu generieren. Der Fehler lässt sich nun nicht mehr verheimlichen und im Handumdrehen entschärfen. Seine negativen Auswirkungen nehmen immer größere Dimensionen ein und stürzen später mit Wucht über den Fehlerverursacher und seinen Arbeitgeber herein. Der zwischenzeitlich entstandene Schaden stellt keine Alltagskrise mehr dar, sondern hat mittlerweile das Ausmaß einer großen Katastrophe angenommen. Der nun zur Bewältigung der verfahrenen Situation zu leistende Aufwand ist kaum noch zu rechtfertigen und steigt nach der Zehnerregel (vgl. Seite 106) in Zehnerpotenzen.

Die durch das Vertuschen ausgelösten Gewissensbisse werden immer stärker und führen zu der Erkenntnis: „Hätte ich mich besser sofort um eine

Fehlerkorrektur bemüht!" Es bleibt zu hoffen, dass dieser Fehler in der Erinnerung wach bleibt und eine Wiederholung verhindert. Darüber hinaus wird das Unternehmen gerechtfertigte und schmerzende Sanktionen verhängen, welche nicht so schnell vergessen werden.

Merke: Solange der Fehler vertuscht wird, kann aus ihm nichts gelernt werden. Auch ist die Gefahr groß, dass er jederzeit wieder passieren kann.

Manche Abteilungen/Unternehmen reagieren bewusst nicht auf erkannte Fehler. Sie lassen sich von der Furcht leiten, ihr Image würde leiden, wenn in der Öffentlichkeit Fehler breitgetreten werden. Ob sich diese Geheimnistuerei auszahlt, wenn gravierende Fehler irgendwann durch Whistleblower ans Licht kommen, sollte besser noch einmal überdacht werden.

Nicht jede Führungskraft betreibt eine gläserne Informationspolitik. Besteht die Gefahr, dass aufgetretene Fehler aus dem eigenen Zuständigkeitsbereich nach außen dringen und das Image des Vorgesetzten oder seines Verantwortungsbereichs beschädigen, werden alle Möglichkeiten genutzt, den Fehler zu verheimlichen oder zu verharmlosen. Schließlich möchte man vermeiden, sich etwas vorwerfen zu lassen:

- „XY hat seine Abteilung nicht im Griff."
- „Die ordnende Hand fehlt, da macht wohl jeder, was er will ..."
- „Er kommt seinen Führungsaufgaben nicht nach, er ist eine echte Fehlbesetzung."
- „Diese Abteilung ist ein Sauhaufen."

Aber Achtung: Irgendwann wird der Fehler doch publik und verursacht dann unverhältnismäßig hohe Schäden.

Führungskräfte, denen nachweislich ein Fehler unterlaufen ist oder die mit einer falschen Entscheidung die Grundlage für fehlerhaftes Handeln eines Mitarbeiters verursacht haben, würden sich eher die Zunge abbeißen, als den eigenen Fehler zuzugeben. Sie decken lieber den Mantel des Schweigens über diese für sie unbequeme Situation, weil sie einen Autoritätsverlust in den Augen des Mitarbeiters befürchten.

Weitermachen/Aussitzen

Devise: Die Karawane zieht weiter ...

Ein Satiriker beglückte die Welt mit einer Aussage: „Wenn man eine Dose Würmer öffnet, gibt es nur eine Möglichkeit, die Würmer wieder in die Dose zu bringen: Indem man eine größere Dose nimmt.“ Wird diese Vorgehensweise auf manche fehlerbehafteten Situationen übertragen, entfernen wir uns von der Satire und sind in der Realität angelangt:

Treten Befürchtungen auf, ein Projekt könnte auf halbem Wege durch aufgetretene Fehler scheitern, stoppt man es nicht. Eine Umkehr wird verworfen, denn nach den bereits verbrauchten Ressourcen würde dies einem Armutszeugnis gleichkommen. So werden selbst längst gescheiterte Projekte über Monate und Jahre weiterbetrieben, weil es niemand wagt, das Scheitern einzugestehen. Schließlich könnte sich die Offenlegung eines Fehlers als Bumerang für den Mutigen erweisen, weil der als Überbringer einer schlechten Nachricht zunächst Zielscheibe für Kritik wäre. Also bleiben Skrupel aus, einer schlechten Sache noch gutes Geld hinterherzuwerfen.

Die Aussage „Wer A sagt, der muss auch B sagen“ ist eine statische Aussage und stellt kein ehernes Naturgesetz dar. Verändern sich die Grundlagen für eine Entscheidung, muss es richtigerweise heißen: „Wer A sagt, der muss nicht B sagen, er kann auch C sagen.“

Schließlich ist man – nachdem erhebliche Abstriche am anvisierten Ziel gemacht wurden – mit einem halbwegs akzeptablen Ergebnis zufrieden. Längerfristig holt uns die unterbliebene Auseinandersetzung mit dem Fehler jedoch ein, denn:

> **Man löst keine Probleme, indem man sie aufs Eis legt.**
> WINSTON CHURCHILL

Ein weiterer Versuch der Gesichtswahrung besteht in der dreisten Behauptung, alles laufe wie geplant und völlig problemlos: „So war es doch geplant. Es läuft doch prima.“ Dabei schwingt die unausgesprochene leise Hoffnung mit, es könnte doch noch – aus welchen Gründen auch immer – ein akzeptables Ergebnis eingefahren werden. Als realistischer Mitteleuropäer glaubt man zwar zumeist nicht an Wunder, wünscht sich aber dennoch inständig, dass ein solches geschieht.

Wie hätten die Aussitzbemühungen vermieden werden können? Es wäre sinnvoller gewesen, das zum Scheitern verurteilte Projekt aufzugeben nach dem Motto: Aufstehen, Hände abwischen, das Leben geht weiter. Manchmal erweist es sich als Glücksfall, dass ein Projekt eingestellt und durch einen neuen Anlauf unter veränderten Bedingungen ersetzt und schließlich erfolgreich beendet wurde.

Rückdelegation

Devise: Fehler sollen vom Vorgesetzten vertreten werden, nicht von mir.

Soll sich der Mitarbeiter mit einer neuen Herausforderung beschäftigen, muss er Neuland betreten, was eine Erhöhung der Fehlerfrequenz erwarten lässt. Um nicht für mögliche Fehler den Kopf hinhalten zu müssen, sucht er Zuflucht in der Rückdelegation. So unternimmt er nichts ohne vorherige Rücksprache und Zustimmung des Vorgesetzten. Vielleicht werden sogar Unsicherheit, zu wenig Know-how, fehlende Informationen und Erfahrung oder unzureichende Zeit signalisiert, um so das Eingreifen der Führungskraft zu provozieren. Es ist aber auch nicht auszuschließen, dass Faulheit oder mangelndes Engagement Auslöser von „Hilferufen“ des Mitarbeiters sind. Dann kommt es, wie es kommen muss – der Mitarbeiter bittet um Hilfe:

- „Ohne Sie schaffe ich es nicht …“
- „So gut wie Sie kann es niemand …“
- „Ich habe da eine kleine Bitte …“
- „Sie haben doch einen guten Draht zu … Können Sie nicht auf ihn einwirken?“

Manche Führungskräfte haben ein offenes Ohr, wenn sie um Rat und Hilfe gebeten werden. Unterschwellig besteht die Befürchtung, den Mitarbeiter durch ein Nein zu verletzen oder wegen versagter Unterstützung als unsozial oder wenig kooperativ zu gelten. Auch tritt Unruhe ein, dass es ohne ein Eingreifen zu Schwierigkeiten kommen könnte. Bevor Schlimmeres passiert, lässt man Gnade vor Recht ergehen und hilft. Und damit hat der Mitarbeiter sein Ziel erreicht. Er kann die Verantwortung für ein fehlerfreies Arbeiten auf die Führungskraft abwälzen. Es ist ihm gelungen, sein Problem zum Problem des Vorgesetzten zu machen – und schon ist der Vorgesetzte zum besten Mitarbeiter des Mitarbeiters geworden!

Dem Delegationsprinzip eher angemessen sind folgenden Reaktionen der Führungskraft:

- „Welche Fehler befürchten *Sie*, wenn *Sie* diese Aufgabe erledigen müssen?"
- „Wie könnten *Sie* dem vermuteten Fehler entgegenwirken?"
- „Was würden *Sie* tun, wenn ich nicht erreichbar wäre?"

Möglicherweise erörtern Sie mit dem Mitarbeiter die befürchteten Fehler und geben eventuell zusätzliche Informationen – lassen ihn aber danach seine Arbeit selbst erledigen.

Perfektionismus

Devise: Es muss doch noch besser gehen, Fehler sind inakzeptabel.

Der Perfektionist versucht, immer alles perfekt zu machen (seine Devise: „Es geht bestimmt noch ein bisschen mehr/härter/länger/intensiver …") und Fehler um jeden Preis zu vermeiden. Zwar wird so die Fehlerquote gesenkt (völlig eliminieren lässt sie sich dennoch nicht), aber bis zu einem fast vollkommenen Arbeitsergebnis wird überdurchschnittlich viel Zeit und Energie eingesetzt, sodass ineffizient gearbeitet wird. Würde der Perfektionist besser die Devise „Nicht so perfekt wie möglich, sondern so gut wie nötig" beherzigen, wäre viel gewonnen.

So aber stellt der Perfektionismus eine Erfolgsbremse dar, weil alle Arbeitsschritte bis ins kleinste Detail intensiv beleuchtet und mehrfach geprüft werden. Dennoch bleibt das angestrebte hundertprozentige Arbeitsergebnis eine Fata Morgana. Winston Churchill erkannte:

Perfektion bedeutet Lähmung!

Und der ehemalige Bundeskanzler Willy Brandt (1913–1992) stellte fest:

Perfektionismus ist ein schreckliches und nicht nur deutsches Laster.

Vermutlich ist der Perfektionismus in einer übersteigerten preußischen Arbeitsmoral von Ordnung und Korrektheit verwurzelt, gepaart mit einer Kultur der Vorsicht und Absicherung. Diese Tendenzen hemmen Unternehmen, die sich in ständigem Wettbewerb mit Marktbegleitern befinden und existenzielle Innovationsprozesse durchlaufen.

Dennoch werden Perfektionisten von manchen Führungskräften als nachzuahmende Vorbilder präsentiert, allerdings nur bis zu dem Moment, an dem erkennbar wird, dass der übersteigerte Qualitätsanspruch den Betrieb aufhält, das Arbeitsklima verdirbt und die Wettbewerbsposition einschränkt.

Weil der Perfektionist so viel Angst davor hat, Fehler zu verursachen, bewegt er sich vorrangig auf eingefahrenen Gleisen und probiert kaum Neues aus. Selbst wenn der Perfektionist es nicht wahrhaben will und sicherlich Widerspruch anmeldet, ist festzustellen, dass ihn sein Arbeitsverhalten letztlich am Denken hindert.

> **Perfektionismus ist die Weigerung, sich die Erlaubnis zu geben, sich vorwärts zu bewegen.**
> JULIA CAMERON, US-AMERIKANISCHE SCHRIFTSTELLERIN

Die Flucht ins Detail verhindert den großen Wurf, statt des großen Erfolgs reicht es nur für Mini-Erfolge.

Wären alle Menschen Perfektionisten, blieben bahnbrechende Veränderungen vermutlich aus. Die Menschen würden sich nicht weiterentwickeln und es gäbe auch keine neuen Erfindungen oder Ideen.

Der zum Perfektionismus neigende Mensch wähnt sich in einem von ihm ständig gedrehten Hamsterrad, fühlt sich von den beruflichen Zwängen überfordert, die motivierenden Erfolgserlebnisse bleiben aus und die Unzufriedenheit steigt kontinuierlich. Trotz seiner überdimensionalen Bemühungen um Fehlervermeidung bleibt die Angst vor Fehlern bestehen und der gefährliche Kreislauf von Überforderung und Selbstausbeutung wird nicht gestoppt.

Der frühere Fußballnationaltorwart Oliver Kahn bemerkte:

> **Nach Perfektion zu streben, sich ihr nähern zu wollen, ist okay, aber nicht, sie tatsächlich erreichen zu wollen. Wer das nicht versteht, wird ewig unzufrieden und unglücklich sein.**

Ausufernde Selbstkontrolle

Devise: Bevor es ein anderer merkt …

Kontrolliert der Mitarbeiter seine Arbeitsergebnisse zunächst selbst, begegnet uns die Selbst- oder Eigenkontrolle. Sie gibt dem Mitarbeiter die Chance, Fehler durch rasche Gegenmaßnahmen aus der Welt zu schaffen, ohne dass andere Personen den Lapsus bemerken. So verringert sich die Angst vor Fehlern, weil man sich nach eigener Erkenntnis auf dem richtigen Weg wähnt.

Mancher Mitarbeiter hat Schwierigkeiten, die Balance zwischen zu wenig und zu intensiver Selbstkontrolle zu halten. Die Gefahr, Fehler zu übersehen, stellt sich eher ein, wenn man sein Verhalten, seine Arbeit, seine Maschinen und Arbeitsmittel zu selten kontrolliert. Da das Vier-Augen-Prinzip (vgl. Seite 91) nicht angewendet wird, kann auch nach x-maliger aufmerksamer Betrachtung ein Fehler unentdeckt bleiben: Bei Schriftlichem wird zum Beispiel über Fehlerhaftes „drüberweg“ gelesen.

Wird jedoch zu viel Selbstkontrolle geübt, können kostbare Zeit verschwendet und der eigene Tatendrang gebremst werden. Diese überängstlichen und übervorsichtigen Mitarbeiter berauben sich damit der eigenen Arbeitsfreude.

Die Aufgabe des Vorgesetzten besteht darin, dem sich selbst zu wenig kontrollierenden Mitarbeiter dessen Fehlverhalten vor Augen zu führen und den Übervorsichtigen zu ermutigen, seinen Fähigkeiten größeres Vertrauen zu schenken.

Manche Führungskräfte zeigen weitere Verhaltensweisen, die allerdings der Problematik nicht gerecht werden:

Zurückhaltung bei der Delegation

Devise: Ich gehe kein Risiko ein und erledige die Aufgabe lieber selbst.

Aus Angst davor, für Fehler ihrer Mitarbeiter zur Rechenschaft gezogen zu werden, erledigen manche Führungskräfte wichtige Aufgaben selbst. Sie haben Probleme damit, Aufgaben loszulassen und ihren Mitarbeitern anzuvertrauen, häufig mit der Begründung: „Wenn ich es selbst mache, treten keine Fehler auf, es geht schneller und es wird kostbare Zeit gespart.“

Dieses Alles-selbst-machen-Wollen ist ein gravierender Fehler von Führungskräften. An keinen anderen Arbeitsplätzen bleiben so viele wichtige Aufgaben liegen wie auf den Schreibtischen dieser Führungskräfte. Nicht selten landen diese mit einem Herzinfarkt oder einer anderen gesundheitlichen Schädigung im Krankenhaus und unterstreichen damit einen Spruch des deutschen Lyrikers Eugen Roth (1895–1976):

Ein Mensch sagt – und ist stolz darauf –
er geh in seinen Pflichten auf.
Bald aber, nicht mehr ganz so munter,
geht er in seinen Pflichten unter.

Der Nichtdelegierer muss sich von der Vorstellung befreien, selbst alles zu wissen und zu können. Als Realist sollte er zugeben, dass er nicht unfehlbar ist, dann wird er auch seinen Mitarbeitern das Recht zugestehen, gelegentlich unbeabsichtigt Fehler zu machen. Mit Vertrauen, Mut und Risikobereitschaft bewirkt er bei seinen Mitarbeitern das Maximum, weil sie spüren, dass an sie geglaubt und ihnen vertraut wird. Dennoch kann er über Stichprobenkontrollen (vgl. Seite 87) das Geschehen im Blick behalten.

Selbst Fehler reparieren

Devise: Ich bügle den Fehler selbst aus.

Häufig spielt der Zeitfaktor bei der Aufgabenerledigung eine große Rolle. Muss der Mitarbeiter bei engen Terminen zusätzliche Zeit investieren, um einen Fehler zu beseitigen, fürchtet der Vorgesetzte, dass Deadlines überschritten werden und anschließend er zur Verantwortung gezogen wird. Bevor etwas „anbrennt", denkt er sich: „Für die Beseitigung dieses Fehlers würde ich bei meinen Erfahrungen höchstens zwei Stunden benötigen. Mitarbeiter X, der erst seit Kurzem hier tätig ist, wird mindestens einen kompletten Arbeitstag brauchen, um alle erforderlichen Unterlagen zusammenzustellen und sich mit der Materie besser als bisher vertraut zu machen. Und ob dann alles fehlerfrei ist, steht in den Sternen. So viel Zeit bleibt nicht, die Ergebnisse müssen schnellstens vorliegen. Also erledige ich es lieber selbst."

Dieses Vorgehen darf sich nur auf Ausnahmefälle beschränken, insbesondere dann, wenn die erforderliche Zeit, einen bedeutenden Schaden für das Unternehmen abzuwenden, nicht zur Verfügung steht. Grundsätzlich ist aber die Regel zu befolgen, dass derjenige, dem der Fehler unterlief, auch für die Fehlerbeseitigung zuständig ist. Ein pädagogischer Grundsatz lautet: Fehler müssen grundsätzlich von der Person ausgeräumt werden, die den Lapsus zu verantworten hat.

Den hiermit erhofften Lerneffekt kennen wir alle aus unserer Grundschulzeit. Rechtschreibfehler wurden kenntlich gemacht, neue Wörter mussten mühselig wiederholt und x-mal geschrieben werden, um die Schreibweise zu verinnerlichen. Hierzu sagt ein indisches Sprichwort:

> Erkläre es mir, ich werde es vergessen,
> zeige es mir, ich werde es vielleicht behalten,
> lass es mich tun und ich werde es können.

Die Führungskraft hält sich also zurück, selbst wenn ihr eine schnelle und perfekte Fehlerbeseitigung ein Leichtes wäre. Dafür zeigt sie Fehlerquellen auf und stellt dar, wie sich der Mitarbeiter künftig bei ähnlichen Vorkommnissen verhalten soll. Anschließend fordert sie ein zufriedenstellendes Arbeitsergebnis vom Mitarbeiter ein.

Dritte einbeziehen

Devise: Ich nutze die Expertise meiner Mitarbeiter und bin so eher auf der sicheren Seite.

Hin und wieder sind entscheidungsschwache Betriebsangehörige mit Führungsverantwortung zu beobachten. Auch sie stehen in der Pflicht, auf der Grundlage vorhandener Informationen verschiedene Alternativen zu erarbeiten, mögliche Risiken und Konsequenzen zu bedenken und anschließend eine bestmögliche und fehlerfreie Entscheidung zu treffen. Schließlich gehört das Entscheiden zu den nicht delegierbaren Führungsaufgaben. Aus Angst vor Fehlern versammeln diese unsicheren Führungskräfte selbst bei leicht zu beantwortenden Fragen ihre Mitarbeiter um sich, um ausführlich ein Problem zu diskutieren und gemeinsam einen Handlungsrahmen festzulegen. Indem sie das Know-how der Mitarbeiter einbeziehen, folgen sie dem Laserstrahl-Prinzip: Bündelung der Energien. Im Volksmund heißt es mit gutem Recht „Vier Augen sehen mehr als zwei“ und „Keiner weiß so viel wie wir alle zusammen“. Zusätzlich lässt sich die Qualität eines von mehreren Personen erarbeiteten Ergebnisses durch den statistischen Fehlerausgleich und den synergetischen Effekt steigern.

Generell ist die geschilderte Vorgehensweise zu akzeptieren, denn es kommt nicht zu einsamen Entscheidungen „im stillen Kämmerlein“ oder „aus dem Bauch heraus“. Allerdings sind Zweifel anzumelden, wenn der Vorgesetzte aus seiner Angst vor Fehlern die Zeit und Ressourcen seiner Mitarbeiter für häufig angesetzte Gespräche oder Mitarbeiterbesprechungen großzügig ausschöpft. Bemerken die Mitarbeiter die Entscheidungsschwäche, ist dies für die Autorität der Führungskraft nicht förderlich. Erkennen die Mitarbeiter das Motiv des Vorgesetzten „Angst vor Fehlern“, zweifeln sie bald an seiner Daseinsberechtigung.

Konsequenz: Totalkontrollen

Pessimistische und misstrauische Führungskräfte glauben, dass keine Arbeit so einfach ist, dass Mitarbeiter sie nicht falsch machen könnten. Damit halten sie es mit Murphys Gesetz: Wenn etwas schiefgehen kann, dann wird es auch schiefgehen. Bei dieser negativen Betrachtungsweise üben sie folgerichtig Totalkontrollen nach dem Motto „Alles über meinen Tisch, ich muss alles sehen und hören" aus. So suchen diese Führungskräfte mit Akribie auch nach kleinsten Fehlern:

- „Was ist wieder einmal schiefgelaufen?"
- „Wer trägt für diesen Fehler die Verantwortung?"
- „Wen kann ich mir heute wegen eines aufgedeckten Fehlers zur Brust nehmen?"

Möglicherweise gibt sich eine Führungskraft bereits aus anderen Situationen stammenden Rachegelüsten hin und will dem Mitarbeiter etwas anhängen oder ihn in die Pfanne hauen. Nicht nur Karikaturisten drängt sich hier das Bild eines Vorgesetzten auf, der bei der Entdeckung eines Fehlers lächelt, weil er sich darauf freut, sich nun den „Schuldigen" vorknöpfen zu können. Hier sei am Rande bemerkt: Bewundernswert ist die Führungskraft, die genug charakterliche Größe besitzt, auch bei einer negativen Vorgeschichte einen Fehler abzuhaken und den Mantel des Schweigens darüber zu decken.

Totalkontrollen sollten sich nur auf Ausnahmefälle beschränken, die auf die Art der Arbeit und den Stand der Einarbeitung des Mitarbeiters auszurichten sind, etwa bei besonders risikobehafteten Arbeiten oder fehlenden Erfahrungswerten. Beispielsweise müssen die Arbeiten eines Fluggerätemechanikers am Flugzeug nach dem Vier-Augen-Prinzip zwingend von einem Prüfer kontrolliert werden. Auch werden Arbeiten an der Bremse eines Pkws ausnahmslos vom Meister überprüft, bevor das Fahrzeug dem Kunden übergeben wird, und die Arbeit eines Fallschirmpackers muss von einer weiteren Person begutachtet werden.

Totalkontrollen werden von den Mitarbeitern im Regelfall als Relikte autoritärer Führung abgelehnt und fordern zum Widerstand heraus. Kleine Freiräume werden exzessiv genutzt und viel Energie eingesetzt, Kontrollinstanzen ein Schnippchen zu schlagen. Kontrollen fördern nicht die Arbeitsmoral, wenn sie den Eindruck vermitteln, das Auge des Großen Bruders (bekannt aus dem Klassiker „1984“ von George Orwell) schaue ständig auf die Mitarbeiter herab.

Dennoch wird sich mancher Mitarbeiter mit der praktizierten Totalkontrolle arrangieren. Da der Chef doch alles kontrolliert, schiebt man die Verantwortung für fehlerfreies Arbeiten auf ihn ab: Schließlich sucht der nach Fehlern und findet sie auch! Abgesehen von gelegentlichem Ärger mit dem Vorgesetzten ist man „fein raus“.

Sie merken: Totalkontrollen fördern Unselbstständigkeit und Sorglosigkeit.

In Ihrem eigenen Interesse als Führungskraft sollten Sie es daher vermeiden, alles und jeden zu kontrollieren, weil Sie Ihren Mitarbeitern nicht vertrauen und ihnen vor allem nicht zutrauen, dass sie ihre Aufgaben zweckmäßig und gewissenhaft erledigen. Wollen Sie alles kontrollieren, können Sie auch gleich alles selbst machen!

Wer ständig misstraut, arbeitet selbst viel zu viel. Und wer zu viel arbeitet, verliert den Überblick. Durch die Überlastung und Überarbeitung erhöht sich aber auch die Fehlerquote beim Vorgesetzten. Nach einiger Zeit wird offensichtlich, dass er seinen Aufgaben nicht mehr in dem bisherigen Umfang und in der von ihm gewohnten Güte nachkommt. Eine unnötige und fatale Kettenreaktion!

Standpauken sollen Verbesserungen bewirken

Manche autoritär agierenden Führungskräfte nehmen kein Blatt vor den Mund, sobald sie einen Fehler eines Mitarbeiters entdeckt haben. Statt sich in den Mitarbeiter hineinzufühlen oder dessen Fehltritt zu vergeben, zu vergessen und danach wieder von vorne zu beginnen, fallen selbst ansonsten fantasielosen Vorgesetzten Formulierungen ein, die beim Fehlerverursacher psychische Wunden erzeugen. Dazu einige Beispiele von Vorwürfen, die jeglichen Einfühlungsvermögens entbehren:

- „Sie lernen das nie! Ich habe es Ihnen doch lang und breit erklärt …“
- „Was haben Sie sich bloß dabei gedacht, diesen Unsinn zu verzapfen?“
- „Man kann Sie nicht einmal einen Tag allein lassen, schon …“
- „Was habe ich nur verbrochen, dass ich mit derartig unfähigen Mitarbeitern bestraft werde?“
- „Dieser Fehler mitsamt Verursacher sollte als mahnendes Beispiel in unsere Werkszeitschrift aufgenommen werden.“

- „Immer die gleichen Fehler von Ihnen! Wie kann man nur so begriffsstutzig sein?“
- „Wozu gebe ich mir überhaupt noch mit Ihnen Mühe? Da ist jedes Wort vergebens.“
- „Wenn das noch einmal passiert, kann ich mich nicht mehr beherrschen …“
- „Machen Sie, dass Sie rauskommen! Von Ihnen habe ich die Nase gestrichen voll!“

Hier zeigt sich eine Führungskraft, die sich über Fehler ihrer Mitarbeiter maßlos aufregt, sich über das Malheur schwarzärgert und den Übeltäter am liebsten in der Luft zerreißen möchte.

Nicht jede Führungskraft greift zu diesen drangsalierenden Aussagen, sondern bringt ihre Missbilligung mit abwertender subtiler Körpersprache zum Ausdruck: Augenrollen, entrüstetes Schnaufen, ironischer Unterton, hochgezogene Augenbrauen oder genervte Stoßseufzer. Diese Signale werden wahrgenommen und in aller Regel als Affront gewertet.

Die sich ärgernde Führungskraft sollte schnell zur Besinnung kommen und dem Ratschlag des Dalai Lama folgen:

> **Lass das Verhalten anderer Menschen
> nicht deinen inneren Frieden stören.**

Statt sich weiter aufzuplustern, sollte man sich besser vergegenwärtigen, dass das Leben viel zu kurz ist, um sich ständig zu ärgern. Ärgert sich eine Führungskraft häufiger, vermiest sie sich ihr Leben und vermindert ihre Lebensqualität. Bei der aus Ärger resultierenden negativen Hormonlage gerät eine Lebensweisheit des englischen Erzählers William Somerset Maugham (1874–1965) schnell in Vergessenheit:

> **In jeder Minute, die man mit Ärger verbringt,
> versäumt man 60 glückliche Sekunden.**

Die Annahme, eine Standpauke könne bei Mitarbeitern eine aufrüttelnde und heilsame Wirkung erzeugen, ist eine Fehleinschätzung. Auch wenn nach einem Machtwort des Vorgesetzten vordergründig erst mal Ruhe herrscht und zunächst alles gut zu laufen scheint, steigt in Wahrheit auf der Mitarbeiterseite die Versuchung, Fehler ab sofort erst recht zu vertuschen.

Um das eigene berufliche Fortkommen durch negative Konsequenzen nicht zu gefährden, agieren ohnehin vorsichtige Mitarbeiter künftig noch zurückhaltender, um bloß keine weiteren Fehler mehr zu machen. Das Hauptziel besteht nicht in einer guten Aufgabenerledigung und der Erzielung von Erfolgen, sondern nur noch in der Fehlervermeidung, sodass besonders vorsichtig und zurückhaltend gearbeitet wird. Selbst eigene Ideen bleiben auf der Strecke und die Arbeitsergebnisse liegen absolut im durchschnittlichen Bereich.

Tatsächlich geht es autoritären Führungskräften bei einer Standpauke nicht um ein partnerschaftliches Zusammenwirken, sondern darum, den Mitarbeiter zum Kuschen zu bringen. So schießen sie eine Salve von abwertenden Behauptungen, Unterstellungen und Zurechtweisungen ab, möglichst noch bei großer Lautstärke. Dabei übersehen diese Führungskräfte, die wohl keine gute Kinderstube genossen haben, dass sie durch dieses Verhalten nur ihre persönliche Schwäche zeigen. Wer sich im Ton vergreift und in einem Tonfall spricht, in welchem er selbst nicht angesprochen werden möchte, degradiert damit andere Personen zu Menschen zweiter Klasse. Nirgends sonst bestätigt sich die Erfahrung so deutlich, dass der Ton die Musik macht.

Hier sei kurz der cholerische Vorgesetzte erwähnt, der bereits bei geringfügigen Fehlern aus der Haut fährt, sich bisweilen zu Brüll- und Schreiattacken und Tobsuchtsanfällen steigert und sogar mit Akten oder sonstigen Gegenständen um sich wirft. Genauso plötzlich, wie der Anfall ausbrach, inklusive Beleidigungen, genauso schnell kann sich der Wüterich wieder abkühlen und in ein normales Fahrwasser wechseln. Bemüht sich der Choleriker anschließend mit ausgesuchter Freundlichkeit um Wiedergutmachung, nimmt man ihn kaum mehr ernst, sondern kommentiert sein Auftreten in abträglicher Weise.

Es verwundert nicht, wenn ein Mitarbeiter, dem vom Chef die Leviten gelesen wurden, insgeheim die Fäuste ballt und sich vornimmt: „Nie davon sprechen, aber immer daran denken.“ Möglich sind auch später folgende sabotageartige Racheakte: „Freundchen, plustere dich ruhig auf. Warte nur ab, du wirst mir noch einmal ins offene Messer laufen.“

Andere Mitarbeiter stellen ihre Ohren auf Durchzug und lassen das Gewitter über sich ergehen. Gelegentlich brüllt ein Mitarbeiter zurück, sodass es zu einem fruchtlosen Schlagabtausch kommt, der zu unkalkulierbaren Reaktionen führen kann – Gewinner kann es bei derartigen Auseinandersetzungen keine geben.

Ein weiterer Aspekt spricht gegen Standpauken: Häufig ist dem Mitarbeiter bereits bewusst, dass er einen Fehler gemacht hat, der ihm unangenehm genug ist. Entsprechend sollte nicht noch Salz in die Wunde gestreut werden. Schreien und die Androhung von Konsequenzen ändern die Situation auch nicht. Schließlich beziehen sie sich auf in der Vergangenheit liegende Fehlleistungen. Da kein Mensch die Zeit zurückdrehen kann, lässt sich der Fehler auch nicht mehr verhindern oder ungeschehen machen.

Fazit: Standpauken mögen dem Abbau von Frustrationen der Führungskraft dienen und zur Erleichterung ihres Gewissens beitragen. Weil sie aber nicht aufbauend wirken, sondern das gegenteilige Ergebnis erzielen, sind sie kontraproduktiv. Stattdessen beschädigt der Vorgesetzte eine vorhandene Vertrauensbasis und verspielt seine persönliche Autorität. Auch ist es Ausdruck schlechten Benehmens, Frustration über geschehene Fehler an Mitarbeitern auszulassen. Kommt es dann noch zu besserwisserischen Vorhaltungen („Sie hätten doch wissen müssen ...“, „Das kann doch einfach nicht akzeptiert werden ...“), zieht sich der Gerüffelte zurück und nimmt den möglicherweise berechtigten Kern des Zornausbruchs seines Vorgesetzten nicht mehr wahr.

Die Führungskraft sollte Standpauken und Machtwörter durch partnerschaftliche Korrekturgespräche (vgl. Seite 113) ersetzen. Diese Alternative gilt auch, wenn der Vorgesetzte bisher einen ärgerlichen Fehler nach dem Sprichwort „Reden ist Silber, Schweigen ist Gold“ ignorierte (vgl. Seite 120 Stillschweigende Kritik).

Die Ausführungen dieses Kapitels lassen sich auf Bestrafungen jeder Art übertragen. Diese wirken im Regelfall kontraproduktiv, weil der Mitarbeiter mit dem Wissen um eine mögliche Bestrafung im Hinterkopf künftig vorsichtiger und zurückhaltender agieren und so in geringerem Umfang zum positiven Betriebsergebnis beitragen wird.

Mitarbeiter werden sanktioniert

Sie nehmen für Ihren Zuständigkeitsbereich stellvertretend für den Arbeitgeber das Weisungsrecht (auch Direktions-, Leitungsrecht) wahr. Damit ist das Recht verbunden,

- Mitarbeitern bestimmte Arbeiten zuzuweisen oder zu entziehen,
- die Art und Weise der Erledigung sowie die arbeitsbegleitende Ordnung festzulegen und
- zur Durchsetzung von Anordnungen Sanktionen zu ergreifen.

Trotz des Weisungsrechts müssen Sie geltende Gesetze, Betriebsvereinbarungen, Tarifverträge, Arbeitsverträge sowie die Beteiligungsmöglichkeiten des Betriebsrats beachten. Ansonsten entscheiden Sie nach billigem Ermessen situations- und personenabhängig, wie Sie das Weisungsrecht ausfüllen.

Um Fehler fair zu sanktionieren, sollte zunächst der Anteil des persönlichen Verschuldens beim Mitarbeiter geprüft werden:

- Konnte er den Fehler überhaupt vermeiden?
- Beging er den Fehler vorsätzlich?
- Ist ihm grobe Fahrlässigkeit zu unterstellen?
- Handelt es sich um einen Wiederholungsfehler?
- Hat er den Fehler offen eingestanden oder wollte er den Fehler vertuschen?
- Hat er aus dem Fehler gelernt und die richtigen Konsequenzen gezogen?

Diese Prüfung unterbleibt bei Führungskräften, die sich emotional betroffen fühlen. Manche Vorgesetzten wären dann froh, sie könnten das früher oft selbstverständliche (heute in unserem Kulturkreis aber verbotene) Züchtigungsrecht ausüben, um Mitarbeiter für Fehler zu bestrafen oder zu schikanieren. Dennoch wollen sie der Devise „Strafe muss sein“ nicht abschwören. Also begnügen sie sich mit autoritären Standpauken, vorwurfsvollem Tadel und arbeitsrechtlichen Schritten.

Vielerorts nutzen Führungskräfte Fehler, um den betreffenden Mitarbeiter „einzunorden“. Wer hat nicht schon Formulierungen gehört wie:

- jemandem den Kopf waschen
- jemandem die Leviten lesen
- sich jemanden zur Brust nehmen
- jemanden zur Schnecke machen
- jemandem den Marsch blasen

Autoritär eingestellte Führungskräfte hoffen, durch Abschreckung und negative Impulse einen Lerneffekt beim Fehlerverursacher auszulösen. Die Angst vor Bestrafung bewirkt ihrer Meinung nach eine Leistungssteigerung, ein größeres Engagement sowie mehr Aufmerksamkeit und Sorgfalt – nur sieht die Realität anders aus.

In einer Studie von Kristi M. Lewis (California School of Professional Psychology) wurde nachgewiesen, dass es nach gezeigten negativen Emotionen von Führungskräften (z. B. Ärger, Frust, Wut) nach Fehlern von Mitarbeitern bei diesen zu einer verminderten Risikobereitschaft und Kreativität sowie nachlassendem Engagement kam. Die angestrebte Fehlerreduzierung konnte jedoch nicht erreicht werden.

Einen Fehler zu bestrafen hilft nicht dabei, diesen künftig zu verhindern und stattdessen die Leistung zu steigern. Vielmehr bewirkt es sogar das Gegenteil. Dahinter steckt eine simple Begründung: Wer Angst hat, einen Fehler zu machen, läuft Gefahr, dass ihm noch mehr misslingt. Die durch eine Standpauke erzeugten Ängste führen zu Verkrampfungen und weiteren Fehlern, die sonst nie passieren würden.

Manche Fehler graben sich bei Führungskräften intensiv in das Gedächtnis ein, sodass eine einmalige Schwäche oder ein einmaliges Versagen zu einer dauerhaft negativen Beurteilung des „Sünders" führt. Deprimiert bemerkte der irische Dramatiker George Bernhard Shaw (1856–1950):

> Eines der traurigsten Dinge im Leben ist, dass ein Mensch
> viele gute Taten tun muss, um zu beweisen,
> dass er tüchtig ist, aber nur einen Fehler zu begehen braucht,
> um zu beweisen, dass er nichts taugt.

Sicherlich werden Sie mit einem Fehlerverursacher in sachlicher Atmosphäre reden mit dem Ziel, dass dieser Fehler in Zukunft vermeidet oder falsche Verhaltensweisen aufgibt. Ihr vorrangiges Bestreben lautet: Abstellen von Kritikpunkten und Fortsetzen des Arbeitsverhältnisses.

Manche Führungskraft ist bei einem gravierenden Fehler eines Mitarbeiters „stinksauer" und lässt ihren Gemütszustand unbeherrscht über unbedachte Formulierungen erkennen:

- „Wenn Ihnen das nicht gefällt, dann gehen Sie doch …"
- „Ich halte Sie bestimmt nicht. Kündigen Sie doch einfach. Damit hätte ich kein Problem. Wir kommen auch ohne Sie klar."
- „Auf Sie kann ich wirklich verzichten. Ich würde Ihre Koffer selbst zum Bahnhof bringen."

Folgt ein Mitarbeiter dieser leichtfertig ausgesprochenen Aufforderung, kann die Kurzschlusshandlung des Vorgesetzten negative Konsequenzen für ihn selbst und das Unternehmen auslösen. Das ist insbesondere der Fall, wenn der Mitarbeiter im Unternehmen eine schmerzhafte Lücke hinterlassen würde.

Nur in Ausnahmefällen werden Sie die große Keule hervorholen und aus Ihren arbeitsrechtlichen Einwirkungsmöglichkeiten schöpfen. Aber Vorsicht: Kündigen Sie arbeitsrechtliche Schritte an, müssen Sie gegebenenfalls auch bereit sein, diese zu unternehmen. Bleiben aber im Ernstfall entsprechende Reaktionen aus, verlieren Ihre Ankündigungen künftig ihre Wirkung.

Mit arbeitsrechtlichen Maßnahmen kann der Arbeitgeber seine Unzufriedenheit mit der Intensität und Häufigkeit von Mitarbeiterfehlern ausdrücken. Die fehlerhafte Arbeit hat aber nur dann arbeitsrechtliche Folgen, wenn im Vergleich zur übrigen Belegschaft eine überdurchschnittliche Fehlerquote besteht.

Ermahnung

Mit einer mündlichen oder schriftlichen Ermahnung missbilligt der Arbeitgeber das fehlerhafte Verhalten des Mitarbeiters. Da er nicht damit droht, im Wiederholungsfall das Arbeitsverhältnis zu kündigen, sind mit der Ermahnung keine rechtlichen Konsequenzen verbunden.

Abmahnung

Die Abmahnung ist regelmäßig die Vorstufe einer verhaltensbedingten Kündigung. Sie ist ein Hinweis des Arbeitgebers, dass der Arbeitnehmer seinen vertraglichen Verpflichtungen nicht nachgekommen ist oder gegen Regeln verstoßen hat. Die Abmahnung ist mit einem Schuss vor den Bug vergleichbar, mit welchem dem Mitarbeiter die Konsequenzen aufgezeigt werden, die ihm drohen, wenn er sein Verhalten nicht ändert.

Letztlich dient die Abmahnung dem Schutz des Arbeitnehmers, denn sie führt ihm deutlich die Folgen einer wiederholten Pflichtverletzung vor Augen und gibt ihm die Chance, das abgemahnte Verhalten künftig abzustellen. Tritt danach keine Änderung ein, kann aus einer Abmahnung schnell eine Kündigung werden.

Kündigung

Für den Arbeitgeber stellt die Kündigung das letzte Mittel dar, auf ein bestimmtes Fehlverhalten des Arbeitnehmers zu reagieren. Eine Kündigung ist im Regelfall nur zulässig, wenn dem Arbeitnehmer wegen eines gleichartigen Fehlverhaltens eine wirksame Abmahnung erteilt worden ist. Auch darf auf die Anhörung des Betriebsrats nicht verzichtet werden. Unterbleibt diese, ist die ausgesprochene Kündigung unwirksam.

Ein gravierender Fehler muss nicht zwingend zu arbeitsrechtlichen Reaktionen oder zum Verlust des Arbeitsplatzes führen. Dies wird uns in einer Story US-amerikanischen Ursprungs vor Augen geführt:

> Ein Mitarbeiter hatte mit einem schweren Fehler einen Schaden von 600.000 Dollar verursacht. Er wird ins Büro seines Chefs Tom Watson (IBM-Chef) gebeten. Kaum, dass er das Zimmer betreten hat, stammelt er: „Es tut mir leid, dass ich diesen schweren Fehler begangen habe. Ich wäre nicht überrascht, wenn Sie mir jetzt meine Kündigung aushändigen würden." Nach einigen Augenblicken antwortet Watson: „Kündigen? Kommt überhaupt nicht infrage. Ich habe gerade 600.000 Dollar in Ihre Fortbildung investiert und weiß nun, dass Sie diesen Fehler nie wieder machen werden. Ich muss Ihnen doch die Chance geben, im Laufe der Zeit den Schaden wieder auszugleichen."

3

Merkmale einer konstruktiven Fehlerkultur

Intaktes Vertrauensverhältnis zwischen Führungskraft und Mitarbeitern

Bitte ermitteln Sie zunächst in einem Test, welchen Stellenwert Sie dem Vertrauen beimessen (vgl. Seite 78).

Die Anzahl der zustimmenden Antworten wird vermutlich die Nein-Wertungen übersteigen. Spätestens nach Beantwortung dieser Fragen wird Ihnen der hohe Stellenwert von Vertrauen bewusst werden. Tatsächlich bildet in der täglichen Zusammenarbeit das Vertrauen zwischen den Akteuren die Basis für jeden Erfolg.

Vertrauen baut auf – Misstrauen lähmt!

Ohne Vertrauen, Mut und Risikobereitschaft bewirkt ein Vorgesetzter nur ein Minimum des Möglichen. Aktiviert er sein Misstrauen, reagiert der Mitarbeiter in gleicher Weise und es kommt schnell zu einer destruktiven Misstrauensspirale. Will die Führungskraft aber das Maximum von seinen Mitarbeitern abrufen, müssen diese spüren, dass an sie geglaubt und ihnen vertraut wird. Mitarbeiter, denen der Vorgesetzte sein Vertrauen schenkt, wollen ihn nicht enttäuschen und werden alles tun, um Fehler zu vermeiden.

In dem Maße, wie der Vorgesetzte seinen Mitarbeitern offen, ehrlich und gradlinig gegenübertritt, entwickelt er eine vertrauenerweckende und fördernde Basis. In diesem Klima des Vertrauens ist der Mitarbeiter auch bereit, offen über Fehler zu sprechen. Je größer das gegenseitige Vertrauen ist, umso weniger muss die Führungskraft Macht einsetzen und Druck ausüben, um seinen Weisungen Verbindlichkeit zu verleihen.

Handeln Sie nicht nach der Devise: „Der Mitarbeiter soll sich zunächst mein Vertrauen verdienen, erst dann bin ich bereit, ihm dieses zu schenken." Gehen Sie besser in Vorleistung und zeigen ihm Ihr Vertrauen. Es ist nicht davon auszugehen, dass Mitarbeiter mit dem Bestreben in den Betrieb einsteigen, fehlerhaft zu arbeiten, Sabotage zu üben oder ihre Arbeit gegen die Wand zu fahren. Vielmehr wollen sie sich mit ihrer Arbeit identifizieren,

Eigenverantwortung übernehmen und Erfolgserlebnisse erzielen – rundum beste Voraussetzungen, um mit dem von Ihnen gezeigten Vertrauen einen Motivationsschub zu initiieren.

Ersetzen Sie also Misstrauen durch die verpflichtende Kraft des Vertrauens. Zwar wissen Sie, dass Ihre Mitarbeiter Fehler begehen werden, und dennoch werden Sie Ihnen vertrauen. Aber aufgepasst: Selbst wenn Sie Ihren Mitarbeitern einen großen Vertrauensvorschuss gewähren, sollten Sie nicht so blauäugig sein, ihnen blindes Vertrauen entgegenzubringen. Das auf Leichtsinn, Gedankenlosigkeit oder Bequemlichkeit beruhende blinde Vertrauen blendet jede Vorsicht aus. Es führt zu Konflikten und Enttäuschungen, denn kein Mensch arbeitet auf Dauer fehlerfrei. Statt blinden Vertrauens sollten Sie ein „Vertrauen mit wachsamem Auge“ praktizieren. Hier kommt Ihre nicht delegierbare Führungsaufgabe Kontrolle als „wachsames Auge“ ins Spiel.

IHRE MEINUNG: DER STELLENWERT VON VERTRAUEN

	ja	nein
Ist es gerechtfertigt, in unseren Mitarbeitern lediglich Untergebene und bedingungslos Gehorchende zu sehen oder haben wir es im Regelfall eher mit fähigen und mündigen Menschen zu tun, denen wir unser Vertrauen schenken können?	☐	☐
Setzt Vertrauen auch Selbstvertrauen voraus, weil wir uns selbst trauen müssen, Ungewissheit und Risiko in Kauf zu nehmen?	☐	☐
Lassen wir mit unserem Vertrauen auf der zwischenmenschlichen Ebene auch ein hohes Maß an persönlichem Selbstbewusstsein erkennen?	☐	☐
Reagieren Mitarbeiter auf ihnen entgegengebrachtes Vertrauen mit Zutrauen und größerem Engagement?	☐	☐
Ist mit einem Vertrauensvorschuss („Ich bin sicher, Sie können das!“ oder „Ich setze auf Ihre Fähigkeiten!“) ein Motivationsschub verbunden?	☐	☐
Haben Sie Hemmungen, Ihnen entgegengebrachtes Vertrauen zu missbrauchen?	☐	☐

Besitzt das in Sie gesetzte Vertrauen den Aufforderungscharakter, sich dieses Vertrauens würdig zu erweisen?	☐	☐
Beruht ein Pfeiler Ihres Wohlbefindens auf der Tatsache, dass Sie einigen Menschen großes Vertrauen entgegenbringen und auch eine positive Reaktion erfahren?	☐	☐
Wir befinden uns in einer Periode der Instabilität. Veränderungen in allen Lebensbereichen finden in einem rasanten Tempo statt. Was glauben Sie: Empfinden Mitarbeiter mit Skepsis und Zukunftsängsten ein vertrauensvolles Verhältnis zu ihrem Vorgesetzten als besonders wichtige Voraussetzung für eine gedeihliche Zusammenarbeit?	☐	☐

Halten Sie mit Ihrem Vertrauen nicht hinter dem Berg, sondern äußern Sie es auch. Statt „Kümmern Sie sich bitte um dieses wichtige Projekt!“ formulieren Sie motivierend: „Ich setze mein volles Vertrauen darin, dass Sie diesen Fehler nicht wiederholen, sondern dieses wichtige Projekt zu einem erfolgreichen Abschluss bringen.“

Übrigens: Das lateinische „do ut des“ („Ich gebe, damit du gibst“) stellt einen Grundsatz sozialen Verhaltens dar. Hat uns jemand eine Gefälligkeit erwiesen, fühlen wir uns verpflichtet, uns für den Gefallen zu revanchieren, und suchen einen Ausgleich. Schenkt uns ein Mensch sein ehrliches Vertrauen – und kein als Zweckmanöver vorgegaukeltes –, fühlen wir uns genötigt, uns des entgegengebrachten Vertrauens würdig zu erweisen und unser Gegenüber nicht zu enttäuschen. Dabei fühlen wir uns gehemmt, dieses Vertrauen auszunutzen („Beißhemmung“). Auch sind wir eher bereit, bisheriges argwöhnisches Verhalten zugunsten von Vertrauen zu revidieren.

Ihr Vertrauen in Ihre Mitarbeiter bleibt stets ein Wagnis und sollte nicht bei einem ersten Fehler entzogen werden. Statt sogleich nach einer Enttäuschung Ihr Misstrauen zu aktivieren, üben Sie in einer vertrauensvollen Atmosphäre aufbauende Kritik.

Bei offensichtlich nicht einsichtigen oder oppositionellen Wiederholungstätern sollten Sie aber über verstärkte Kontrollen erhöhte Vorsicht walten lassen.

Eklatante Vertrauensbrüche begeht eine Führungskraft insbesondere dann, wenn sie

- bei Entdeckung von Mitarbeiterfehlern einen respektvollen und partnerschaftlichen Umgang vermissen lässt und stattdessen mit Beschimpfungen und Bestrafungen reagiert,
- ihre Fehler auf Mitarbeiter oder das Team abschiebt, sich mit positiven Arbeitsergebnissen ihrer Mitarbeiter hervortut und sich mit deren Vorschlägen selbst schmückt,
- bei Fehlern ihrer Mitarbeiter mit Schadenfreude oder Überheblichkeit reagiert und als Besserwisser, Neunmalkluger und Oberschlauer ihren Mitarbeiter ständig zu erklären versucht, wie der Kosmos funktioniert.

So kann ein Vorgesetzter das in ihn gesetzte Vertrauen schnell verspielen. Und ist das Vertrauen erst einmal verloren, ist es zumeist sehr schwierig, es wieder zurückzugewinnen. Bereits der Eiserne Kanzler Otto von Bismarck (1815–1898) gab zu bedenken:

> Das Vertrauen ist eine zarte Pflanze; ist es zerstört,
> so kommt es sobald nicht wieder.

Positives und leistungsförderndes Betriebsklima

> Das Betriebsklima ist das einzige Klima,
> auf das die Führungskraft direkt und unmittelbar Einfluss nehmen kann.
> PATRIC P. KUTSCHER, VERKAUFS- UND VERHALTENSTRAINER

Das Betriebsklima wird maßgeblich von der Führungskraft beeinflusst. Es liegt in ihrer Hand, die organisatorischen und strukturellen Rahmenbedingungen zu schaffen, in denen ein positives Betriebsklima gedeihen kann. Hierbei ist es unabdingbar, dem Mitarbeiter mit Wertschätzung, Respekt und Fairness zu begegnen und eine gute Kommunikationskultur zu pflegen. Auf dieser Grundlage kommt der Mitarbeiter gern zur Arbeit und ist auch eher bereit, Engagement zu zeigen.

Das positive Betriebsklima ist Grundvoraussetzung für den Aufbau einer konstruktiven Fehlerkultur. Zusätzlich ist ein Bewusstseinswandel bei Führungskräften und Mitarbeitern nötig. Jeder muss akzeptieren, dass Fehler keine peinlichen und peinigenden Belege von individueller Unzulänglichkeit darstellen, sondern dass Fehler menschlich sind und die Möglichkeit eröffnen, aus ihnen zu lernen.

In dem Bestreben, das Betriebsklima nicht durch das Offenbaren von Fehlern oder falschen Verhaltensweisen zu belasten, weisen wohlmeinende Mitarbeiter ihren Kollegen nicht auf Fehler hin. Der Kollege soll geschont und nicht bloßgestellt werden. Jedoch ist bei näherer Betrachtung diese Rücksichtnahme als unkollegiales Verhalten zu werten. Der Fehlerverursacher erfährt nichts von seinem unbeabsichtigten Fehler, sodass Korrekturen ausbleiben. Es ist nur eine Frage der Zeit, bis sich Folgefehler einstellen. Nach einiger Zeit schlägt die fürsorgliche Zurückhaltung in ablehnendes Verhalten um – und nach wie vor ist sich der Fehlerverursacher keiner Schuld bewusst, während das Unternehmen weiterhin durch den nicht korrigierten Fehler geschädigt wird.

Längerfristig wird es bei einer „unterlassenen Hilfeleistung" zu einer Verschlechterung des Betriebsklimas kommen. Um dies zu vermeiden, ist ein frühzeitiges helfendes Eingreifen zu empfehlen (vgl. Seite 134).

Fehler als Auslöser für Verbesserungen und Innovationen

Generell freunden wir uns nicht mit Fehlern an, denn durch sie läuft etwas falsch, funktioniert etwas nicht, werden Gesetze oder moralische Normen missachtet mit der Folge, dass negative Auswirkungen erkennbar werden. Fehler sind für viele Menschen die Schrecken im betrieblichen Alltag, weil sie Zeit, Geld und Nerven kosten. Berufstätige richten daher ihr Sinnen und Trachten auf fehlerfreies Arbeiten und bleiben dabei dennoch auf Dauer erfolglos. Fehler lassen sich nämlich trotz größter Vorsicht und perfektionistischer Vorgehensweise nicht völlig ausmerzen. Viele Fehler können erahnt, gemindert oder verhindert werden – sie passieren trotzdem.

Selbst dem akribisch arbeitenden, vernünftigsten und zuverlässigsten Perfektionisten wird irgendwann ein Fehler unterlaufen. In diesem Augenblick wird die vor mehr als 2.000 Jahren von Cicero (106–43 v. Chr.) publizierte Weisheit bestätigt:

Irren ist menschlich!

Vielen Menschen fehlt die Erfahrung, das Positive in einem Fehler zu sehen. Sie haben die ausschließlich negative Betrachtungsweise von Fehlern verinnerlicht, sodass die Bereitschaft fehlt, einen Blick über den Tellerrand zu riskieren. Tatsächlich sind Fehler janusköpfig:

Einerseits sind sie für Misserfolge und Schäden verantwortlich, sodass sie ungern gesehen und verpönt sind. Andererseits schreiben sie Erfolgsgeschichten, wenn ihre positiven Auswirkungen bewusst wahrgenommen und in den Vordergrund gerückt werden und konstruktiv mit ihnen umgegangen wird.

Sind Sie sich der positiven und negativen Auswirkungen von Fehlern bewusst? Machen wir die Probe aufs Exempel:

Auf einem in der Mitte gefalteten Blatt Papier tragen Sie auf der linken Seite zehn Negativpunkte ein, an die Sie beim Wort „Fehler“ denken. Auf der rechten Seite notieren Sie zehn Pluspunkte zum Thema „Fehler“. Vermutlich werden Sie die linke Blattseite schnell mit zehn Punkten füllen können, während es für Sie ein hartes Stück Arbeit bedeutet, auch zehn Pluspunkte aufzulisten.

Fazit: Tatsächlich denken die meisten Menschen eher selten an die positiven Seiten von Fehlern (vgl. Seiten 84 bis 86).

Auch wenn wir uns über gemachte Fehler ärgern, sollten wir sie als Chance betrachten, etwas Neues zu lernen, uns weiterzuentwickeln und über uns hinauszuwachsen.

Jeder ist dem Fehler ausgesetzt, aber der Kluge lernt aus seinen Fehlern.
KOPTEN-PAPST SHENOUDA III. (1923–2012)

Vielleicht tröstet Sie die Überlegung, dass es darauf ankommt, was Sie tun, nachdem Ihnen der Fehler unterlaufen ist. Sie haben nun die Chance, Ihre Fähigkeiten in vollem Umfang einzusetzen und Irrtümer wiedergutzumachen. Jetzt werden Sie zumeist zu erfreulicheren Ergebnissen gelangen als bei sofortigem Gelingen.

Wer scheinbar fehlerfrei arbeitet, sieht keine Notwendigkeit, sein Tun kritisch zu hinterfragen oder dazuzulernen. Damit vergibt er Chancen, seine Stärken noch auszubauen und seine Schwächen zu reduzieren.

Wer aufhört, Fehler zu machen, lernt nichts mehr dazu.
THEODOR FONTANE, DEUTSCHER SCHRIFTSTELLER (1819–1898)

Im Bereich Forschung und Entwicklung sind Fehler und Irrtümer Motor des Fortschritts. Vor diesem Hintergrund werden zwei Aussagen von Thomas Alva Edison nachvollziehbar:

> **Wo keine Fehler gemacht werden, gibt es keinen Fortschritt.**

> **Ich bin nicht entmutigt, weil jeder als falsch verworfene Versuch ein weiterer Schritt vorwärts ist.**

Tatsächlich begingen Forscher (aber auch „gewöhnliche Sterbliche") nach der Vorgehensweise „trial and error" (Versuch und Irrtum) unzählige Fehler, bevor ihre Arbeitsergebnisse scheinbar aus dem Nichts das Leben der Menschen veränderten (vgl. Seite 86).

Trotz der Pluspunkte dürfen wir nicht vergessen, dass schwere Fehler im Berufsleben nicht so toll sind und deshalb weder kultiviert noch bagatellisiert werden sollten. Schließlich bleiben sie in keinem Fall folgenlos.

Präventionsmaßnahmen verringern das Fehlerrisiko

Es gibt unzählige Möglichkeiten, Fehler mit schwerwiegenden Folgen zu machen. Dem Motto „Vorsicht ist besser als Nachsicht" folgend möchten wir mögliche Gefahren und Risiken frühzeitig erkennen und denkbaren Fehlern rechtzeitig entgegenwirken. Damit wollen wir uns unnötige Arbeit ersparen und unser Leben bedeutend leichter machen. Mit Prävention sollen Fehler noch vor deren Eintreten verhindert werden. Gelingt dies, lässt sich die Fehlerquote wesentlich senken. Es entfällt zudem die Last, Fehlerfolgen im Nachhinein mühsam zu beseitigen.

Aber keine Sorge, es passieren auch dann immer noch genügend Fehler, die Sie aufhorchen lassen. Goethe erkannte den Grund:

> **Es irrt der Mensch, solang er strebt.**

Allen an Fehlervermeidungsmaßnahmen beteiligten Personen muss bewusst sein, dass konstruktive Lösungen zur Fehlervermeidung und Fehlerbeseitigung angestrebt werden müssen, keinesfalls aber eine Bestrafung oder ein Schikanieren von Fehlerverursachern. Für eine Prävention kommen folgende Maßnahmen in Betracht:

Arbeitsvorbesprechung (Briefing)

Bei komplexen Tätigkeiten kommen die beteiligten Stellen bzw. Personen direkt vor der Durchführung zu einer Vorbesprechung zusammen, um Besonderheiten im Hinblick auf Zuständigkeiten, Termine, besondere Aspekte der Arbeitssicherheit, mögliche Fehlerquellen und Schnittstellen zu besprechen.

Arbeitsnachbesprechung (Debriefing, „Manöverkritik")

Nach Abschluss der komplexen Tätigkeit wird reflektiert, was gut gelaufen ist, welche ursprünglich nicht bedachten Fehler auftraten und was verbesserungsbedürftig ist. Die aufgetretenen Probleme werden diskutiert und Lösungen gesucht, die bei künftigen gleichen oder ähnlichen Situationen frühzeitig berücksichtigt werden müssen.

DIE POSITIVEN SEITEN VON FEHLERN

Allgemein

- Fehler gehören zum Menschsein wie die Luft zum Atmen.
- Fehler gehören zum Leben, und zwar in jedem Bereich. Jeder greift im Laufe der Zeit viele Male daneben.
- Fehler lassen sich in vielen Situationen vermeiden.
- Fehler sind Rohmaterial und Vorboten von Lösungen.
- Fehler können Fortschritt und Kreativität begünstigen.

Aus Sicht des Unternehmens

- Fehler sind Möglichkeiten zur Verbesserung des Unternehmens und des Systems.
- Fehler können Investitionen in die Zukunft sein, wenn sie künftig vermieden werden.
- Fehler weisen darauf hin, dass ein neues Projekt noch Zeit zum Reifen benötigt.
- Fehler deuten darauf hin, dass etwas noch nicht ausreicht, etwas nicht funktioniert, etwas nachzubessern ist oder etwas fehlt.
- Fehler zeigen auf, wo Prozesse verbessert werden sollten.
- Fehler können Voraussetzung für einen dauerhaften Erfolg bedeuten.

- Fehler decken auf, was nicht gut läuft und wo es sich anzusetzen lohnt.
- Fehler zeigen auf, dass eingespielte Abläufe überarbeitet und angepasst werden müssen.
- Fehler lassen hinderliche Strukturen erkennen.
- Fehler geben Hinweise auf tiefer liegende Probleme.
- Fehler lassen Schwächen im Team und im eigenen Führungsverhalten erkennen.
- Fehler weisen auf Ungenauigkeiten bei Anweisungen, Zielen und Umsetzungsschritten hin.

Aus Sicht des Berufstätigen

- Fehler machen bringt uns nicht um, sondern stärkt uns.
- Fehler durchbrechen den durch Routinen und Lethargie bewirkten Tiefschlaf und lassen uns hellwach werden.
- Fehler vergrößern unser Wissen und erweitern den Handlungsspielraum.
- Fehler vermitteln uns wichtige Informationen, für die wir dankbar sind.
- Fehler sind als Lernchancen zu begreifen. Sie ermöglichen uns, Neues und Unerwartetes zu entdecken, auszuprobieren und daran zu wachsen. Merke: Wer aufhört zu lernen, ist so gut wie tot!
- Fehler verändern den Blickwinkel, bringen uns auf neue Ideen, machen Innovationen möglich.
- Fehler sind Denkanstöße: Was können wir aus ihnen lernen? Betrachten wir das Leben als immerwährenden Lernprozess, als das Sammeln von Erfahrungen und als Entwicklung. Bei jedem Fehler kommt ein Mosaikstein hinzu.
- Fehler sind wichtig. Wir brauchen sie, um erfolgreich zu werden. Wir brauchen all diese Erfahrungen, damit die Fehlerhäufigkeit reduziert werden kann. Mit jedem Hinfallen erhöht sich die Chance, dass es nächstes Mal funktioniert.
- Fehler sind unsere besten Ratgeber, sie machen uns schlau.
- Fehler weisen uns den Weg in die richtige Richtung, bis wir schließlich die passende Strategie entwickelt haben, um unser Ziel zu erreichen.
- Fehler geben uns Hinweise über unsere Schwächen und zeigen uns, woran wir arbeiten müssen, um uns weiterzuentwickeln. Ziel: Schwächen schwächen und Stärken stärken.
- Fehler lehren uns Mitgefühl. Da wir selbst nicht perfekt sind, können wir uns in andere hineinfühlen und Fehler nicht immer krummnehmen.

- Fehler stärken unsere Persönlichkeit. Eine positive Einstellung zu Fehlern kann sich nur entwickeln, wenn man nach einem Rückschlag wieder aufsteht. Man hat gelernt, dass es weitergeht.
- Fehler steigern unsere Erfolgschancen. Mit jedem Fehler nähern wir uns dem Erfolg, weil wir alle Alternativen ausschließen können, die nicht funktioniert haben.
- Fehler veranlassen uns, eigene Wissensgrenzen zu überschreiten.

BEISPIELE FÜR ENTDECKUNGEN, DIE AUS FEHLERN RESULTIEREN

Anfang des 17. Jahrhunderts soll der französische Bäckerlehrling Claude Gellée eines Tages vergessen haben, Butter in den Teig zu kneten. Um den Fehler zu beheben, versuchte er, nachträglich das Fett in den fertigen Teig einzurollen. Die Prozedur gelang, der Teig blühte im heißen Ofen auf. Der **Blätterteig**, wie wir ihn heute kennen, war damit erfunden.

In einer Winternacht des Jahres 1905 fügte der elfjährige Frank Epperson einer Wasserlimonade aromatisiertes Brausepulver zu, rührte das Ergebnis mit einem Holzstäbchen um und stellte alles zwecks Abkühlung vor das Fenster. Danach vergaß er das Getränk. Er fand am nächsten Morgen im Becher einen farbigen Eisklumpen vor. Nachdem dieser aufzutauen begann, fasste er den Klumpen am teilweise eingefrorenen Holzstäbchen an, leckte am Gefrorenen und war begeistert. Im Jahr 1923 meldete er den **Eislutscher** als Patent an.

1928 entdeckte Alexander Fleming zufällig das **Penicillin**. Er hatte eine angesetzte Bakterienkultur übersehen, in die Schimmelpilze hineingeraten waren. Hierdurch wurde eine wachstumshemmende Wirkung auf Bakterien erzielt.

Der Werkstoff **Teflon** wurde 1938 nur entdeckt, weil der Chemiker Roy Plunkett auf der Suche nach Kältemitteln für Kühlschränke mit Tetrafluorethylen experimentierte. Nachdem die Chemikalie zu lange gelagert hatte, fand Plunkett im Reagenzglas „farblose Krümel" = Teflon. Später wurden diverse Nutzungsmöglichkeiten für das Teflon entwickelt bis hin zur Bratpfanne mit Antihaftschicht.

Charles Goodyear suchte nach einer Methode, um den bei Hitze weich und klebrig und bei Kälte brüchig werdenden Kautschuk gegen extreme

Temperaturen unempfindlich zu machen. Im Jahr 1939 kam es zu einer Zufallsentdeckung. Ihm fiel aus Versehen eine Schwefel-Kautschuk-Mischung auf eine heiße Herdplatte. Das Ergebnis war eine trockene und dauerhaft elastische Substanz, das **Gummi**.

1968 beschäftigte sich Spencer Silver von der Firma 3M mit der Entwicklung eines neuen Superklebers, der stärker als alle bekannten Klebstoffe werden sollte. Dies gelang ihm nicht. Das Ergebnis seiner Arbeit war aber eine klebrige Masse, die sich auf alle Flächen einfach auftragen ließ und genauso leicht wieder abzulösen war. Hierauf basieren die als **Post-it** bekannten Klebezettel.

Der Apothekergeselle Johann Friedrich Böttger wurde vom sächsischen König August dem Starken beauftragt, Gold herzustellen. Dies gelang ihm nicht. Nach jahrelangen Versuchen erfand er im Jahr 1708 zufällig das **weiße Porzellan,** das seither in Meißen hergestellt wird.

Das unter dem Namen **Viagra** auf den Markt gebrachte Arzneimittel wurde zufällig im Rahmen der Entwicklung eines Mittels zur Behandlung von Bluthochdruck und Angina pectoris entdeckt.

Stichprobenkontrollen

Mithilfe von Stichprobenkontrollen begleiten Sie die Aufgabenerledigung durch Ihre Mitarbeiter und stellen damit sicher, dass die einzelnen Stadien und gewünschten Ergebnisse in der richtigen Form und zur richtigen Zeit erreicht werden. Hierbei steht noch ausreichend Zeit zur Verfügung, während des Arbeitsprozesses erkannte Fehler durch rechtzeitige korrigierende Maßnahmen zu beeinflussen.

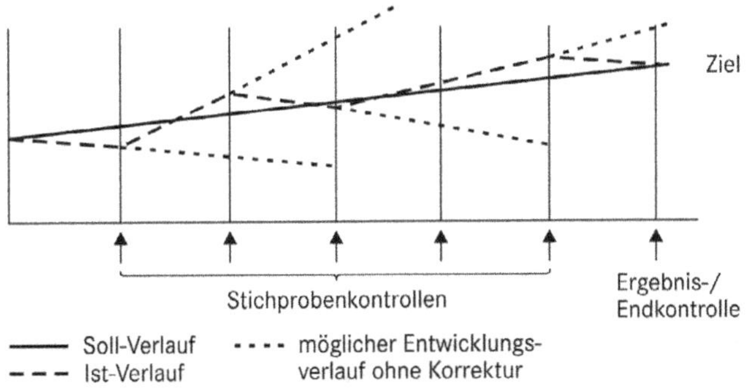

Dabei sollten Sie Folgendes beachten:

- Stichprobenkontrollen nehmen Sie selbst vor, da die Kontrolle zu den nicht delegierbaren Führungsaufgaben zählt.
- Da Stichprobenkontrollen der Prophylaxe dienen, nehmen Sie sich dieser Aufgabe kontinuierlich und unter Wahrung der Zufälligkeit an. Der Mitarbeiter muss damit rechnen, dass Sie Stichprobenkontrollen in völlig unregelmäßigen Zeitabständen vornehmen.
- Kontrolle ist bei allen Mitarbeitern gleichermaßen auszuüben. Würden leistungsschwächere Mitarbeiter sehr häufig, leistungsstarke Mitarbeiter hingegen selten oder nie kontrolliert, käme dies einer Bloßstellung und Abwertung der weniger Erfolgreichen gleich.
- Für die Durchführung von Stichprobenkontrollen bedarf es keines aktuellen Anlasses. Vielmehr werden Sie von sich aus aktiv.
- Da auch eine Auswertung der Kontrollergebnisse vorzunehmen ist, sollten Sie wegen der notwendigen Gründlichkeit (aber bitte keine „Erbsenzählerei“) genügend Zeit einplanen. Dennoch werden Sie durch Stichproben den Betriebsablauf nicht unnötig stören.

Stichprobenkontrollen kommt die Funktion eines Frühwarnsystems zu. Sie gelten als ausreichende Sicherungen gegen Fehler, wenn sie an den strategischen Kontrollpunkten vorgenommen werden.

Strategische Kontrollpunkte sind Situationen, in denen

- der Mitarbeiter nach Ihren bisherigen Erfahrungen immer wieder Schwächen erkennen lässt und Fehler macht,
- Fehler erfahrungsgemäß besonders häufig auftreten,
- Fehler zu weiteren Fehlern oder Abweichungen führen können (Beispiel: Fehler in der Annahme von Reparaturaufträgen, die zu unnötigen oder falschen Arbeiten in der Werkstatt führen) oder
- unter Zeitdruck stehende Arbeiten spätestens begonnen werden müssen, um sie termingerecht abschließen zu können.

Stichprobenkontrollen werden dem Führungsstil „Management by walking around“ zugeordnet. Hier steht der direkte Kontakt zwischen Führungskraft und Mitarbeitern im Vordergrund. Der Vorgesetzte dreht häufiger eine Runde durch seinen Bereich, führt kurze Gespräche mit den Mitarbeitern und kann dabei hautnah erkennen, wie es um die Aufgabenerledigung steht. So werden auch Fehler und falsche Verhaltensweisen frühzeitig erkannt und schnell beseitigt.

Beim Management by walking around entwickeln manche Führungskräfte einen Riecher für Schwachstellen. Sie merken mit einer beinahe magischen Sicherheit frühzeitig, wo Gefahrenmomente auftreten können, in welchem Bereich Fehler auslösende Koordinierungsprobleme entstehen werden, ob ein Mitarbeiter überfordert sein wird oder ob etwas vergessen wurde. Neben wertvollen Erfahrungen verfügen sie über analytische Fähigkeiten, durch die sie eine von der Norm abweichende Angelegenheit quasi aus der Vogelperspektive zu erkennen vermögen.

Checklisten

Bei wiederkehrenden Aufgaben, die in kürzerer Zeit ohne großes Nachdenken abgearbeitet werden können, sind Routinefehler (vgl. Seite 32) nicht ungewöhnlich. Um sie zu vermeiden, stellen Checklisten (Abhaklisten) eine gute Arbeitshilfe dar. Sie enthalten alle Aktionen und Kontrollen zur Durchführung einer Aufgabe in korrekter Reihenfolge.

STAR-Prinzip

Ohne einen Gedanken daran zu verlieren, wie eine Arbeit zweckmäßig und fehlerfrei erledigt werden kann, stürzen sich manche Mitarbeiter mit vollem Eifer intuitiv und ungeordnet in Aktivitäten, die sich bisweilen im Nachhinein als wenig zielführend erweisen. Würden sie doch besser der Forderung des spanischen Moralisten Baltasar Gracián (1601–1658) folgen:

> Man muss das Denken nicht aufschieben,
> bis man im Sumpfe bis an den Hals steckt, es muss zum Voraus geschehen.

Hier hilft die Selbstüberwachungstechnik STAR. Sie stärkt die Eigenverantwortung der Mitarbeiter mit dem Ziel, fehlerträchtige Situationen frühzeitig zu erkennen, um rechtzeitig gegensteuern zu können. Zu beachten sind folgende Bausteine:

Stop: Halte kurz vor Beginn der Tätigkeit inne und betrachte den Arbeitsplatz, ob alles vorhanden ist, was du für deine Arbeit benötigst.

Think: Denke nach, wo eventuelle Risiken oder Gefährdungen lauern könnten. Sind alle notwendigen Sicherheitsvorkehrungen getroffen?

Act: Erledige die Aufgabe konzentriert und fachgerecht und denke daran, dass Fehler im Arbeitsalltag immer wieder durch Unachtsamkeit, Ablenkung oder Routine entstehen.

Review: Reflektiere die Arbeitsausführung: Was lief gut, was nicht? Was lässt sich künftig verbessern?

Onboarding (Einführung neuer Mitarbeiter)

Insgesamt gilt: In neuen und unbekannten Situationen werden automatisch mehr Fehler gemacht. Das trifft vor allem auf neue Mitarbeiter zu, die in den Betrieb integriert werden sollen. Bei ihnen ist eine anfänglich erhöhte Fehlerquote fast unausweichlich. Für den Newcomer ist alles um ihn herum mehr oder weniger fremd: Menschen, Örtlichkeiten, Hierarchien, Aufgaben, Kompetenzen, Methoden, Softwareprogramme, neue Begriffe und Abkürzungen. Überall lauern zu Fehlern einladende Situationen. Im Rahmen einer gezielten Einarbeitung weist die Führungskraft frühzeitig auf vermeidbare Fehlerquellen hin und erspart dem Neuen unnötige Negativerfahrungen.

Neben unseren ständigen Bemühungen, Fehler zu vermeiden bzw. gemachte Fehler zu erkennen, können wir die Hilfe von Dritten nutzen, um Fehlern auf die Spur zu kommen.

Je länger wir uns in eingefahrenen Gleisen bewegen, umso häufiger müssen wir mit unserer Betriebsblindheit rechnen. Der Blick für das Mögliche und Machbare, für das Richtige und Falsche, für das Zweckmäßige und Umständliche im eigenen Tätigkeitsbereich wird zunehmend getrübt. Während wir von anderen Personen gemachte Fehler sofort erkennen, nehmen wir durch eingefahrene, über die Zeit herausgebildete Gewohnheiten Missstände oder Möglichkeiten der Verbesserung in der eigenen täglichen Arbeit nicht mehr wahr.

Für fremde Fehler haben wir ein scharfes Auge,
unsere eigenen sehen wir nicht.
SENECA, RÖMISCHER PHILOSOPH (CA. 1–65 N. CHR.)

Und in der Bibel heißt es bei Matthäus 7,3:

> Warum siehst du den Splitter im Auge deines Bruders,
> aber den Balken in deinem Auge bemerkst du nicht?

Während wir unbemerkt eine Sehschwäche aufweisen, verfügen Dritte über ein uneingeschränktes Sehvermögen und können uns auf ein besseres und zweckmäßigeres Handeln verweisen. Zusätzlich lassen sich durch das Einbeziehen des Know-hows von Dritten wertvolle Synergien nutzen.

Vier-Augen-Prinzip

Das Vier-Augen-Prinzip ist eine präventive Kontrolle, bei der bestimmte Arbeitsabschnitte, Arbeitsabläufe, Arbeitsprozesse, Arbeitsvorgänge, Aufgaben, Entscheidungen, Handlungen oder Prozesse nur durch gleichlautende Entscheidungen von mindestens zwei Personen durchgeführt werden dürfen. Diesem Prinzip liegt die Erkenntnis zugrunde: Vier Augen sehen mehr als zwei. Zweifellos verfügen zwei Menschen gemeinsam über eine größere Erfahrung und vermögen eher Fehler zu entdecken als eine Person allein.

Problematisch wird es aber, wenn sich ein Augenpaar auf das andere verlässt und nur noch halbherzig oder oberflächlich gearbeitet wird. So geschieht es, dass Fehler übersehen werden. Denken Sie an Schreib-, Interpunktions- und Formulierungsfehler in Druckwerken, obwohl sich neben dem Autor auch das Lektorat um Fehlervermeidung bemüht.

Reklamationen

Mitarbeiter, die einen Horror vor Reklamationen haben und hierauf unwirsch reagieren, übersehen oft, dass auch negative Rückmeldungen und Beschwerden grundsätzlich nichts Ungewöhnliches sind. Tatsächlich schleichen sich ohne böse Absicht immer wieder Fehler ein, sodass Klagen laut werden, zum Beispiel über:

- nicht eingehaltene Zusagen
- verzögerte Lieferung
- schlechte Verpackung

- das Fehlen einer zugesicherten Eigenschaft einer Ware
- technische Mängel am Produkt
- nicht vorhersehbare hohe Wartungskosten

Oft stellen diese Klagen konkrete Hinweise auf Lücken und Fehler dar und sollten als überdenkenswerte Verbesserungsvorschläge betrachtet werden. Dann ist der Beschwerdeführer nicht mehr ein Störenfried, sondern fungiert als Unternehmensberater, der kostenfrei wertvolle Informationen liefert.

Wichtig sind die Art und Weise, wie auf Reklamationen reagiert wird. Eine Wahl zwischen den beiden folgenden Vorgehensweisen wird Ihnen nicht schwerfallen:

Der Chef fragt seinen Mitarbeiter: „Herr Müller, wie haben Sie die Reklamation von Frau Richter erledigt?“ – „Bestens Chef, die Richter wird bei uns nie wieder reklamieren.“

Pyrrhus, König von Epikur, wurde von seinen Untertanen aufgefordert, einen Kritiker des Landes zu verweisen. „Lasst ihn bei uns“, entschied Pyrrhus. „Es ist besser, er kritisiert hier über uns, als dass er es in der Fremde tut.“

Weil Sie an den „Verbesserungsvorschlägen“ des Beschwerdeführers interessiert sind, nehmen Sie sich für ein Reklamationsgespräch ausreichend Zeit. Das Gespräch sollte aufeinander aufbauende Stufen aufweisen:

1. Sie isolieren den Beschwerdeführer.
2. Sie veranlassen den Beschwerdeführer zum Sitzen.
3. Sie unterbrechen den Beschwerdeführer nicht, sondern lassen ihn reden.
4. Sie notieren wichtige Aussagen.
5. Sie bestätigen dem Beschwerdeführer, dass Sie seine Situation verstehen.
6. Sie bemühen sich um eine objektive Klärung des Sachverhalts.
7. Sie vermeiden Kleinlichkeit und entschuldigen sich lieber einmal mehr als einmal zu wenig.
8. Sie schlagen vor, wie die Reklamation aus der Welt geschafft werden soll, und leiten schnellstmöglich die Realisierung ein.
9. Sie schließen das Gespräch in positiver Atmosphäre.

Gelingt so eine effektive Reklamationsbearbeitung, treten vorangegangene Fehler in den Hintergrund. Dafür werden die Kundenzufriedenheit erhöht und die Kundenbindung gestärkt.

Eine Führungskraft sollte jedoch aufmerksam oder sogar hellhörig werden, wenn immer wieder bestimmte Mitarbeiter, Verfahrensweisen oder Zuständigkeitsregelungen Gegenstand von Reklamationen sind. Dann lässt eine statistische Auswertung von Reklamationen einen baldigen Handlungsbedarf erkennen.

Meeting (Mitarbeiterbesprechung)

Den Teammitgliedern wird im Meeting regelmäßig Gelegenheit geboten, über die normalen Zielsetzungen hinaus (Information, Koordination, Problemlösung und Entscheidungsvorbereitung) über Fehler zu berichten und dabei auch Stellung zu nehmen zu der Frage: „Welche negativen Erfahrungen habe ich gemacht, die sich alle anderen ersparen können?“ Dabei wäre die Aufmerksamkeit der Teammitglieder auf die Fragen zu richten:

- Wann trat der Fehler auf, wann wurde er entdeckt?
- Wie ist der Fehler möglichst genau und unmissverständlich darzustellen?
- Wie kam es zu diesem Fehler?
- Wie wirkte sich dieser Fehler aus?
- Mit welchen Aktivitäten wurde auf den Fehler reagiert?

Zusätzlich erhält die Runde die Gelegenheit, sich über weitere Lösungsansätze auszutauschen. Der entscheidende Punkt für den Erfolg ist die Atmosphäre der Kritikfreiheit. Gibt es keine Rivalität unter den Teilnehmern, gibt es keine Aggressionen und eine sonst erkennbare Hackordnung ist außer Betrieb. Dann können wir Goethes Auffassung zustimmen:

> Wie fruchtbar ist der kleinste Kreis, wenn man ihn wohl zu pflegen weiß.

Zum Schluss soll die Erkenntnis stehen: Dieser Fehler wird bei uns nicht wieder auftreten und wenn doch, dann können wir ihn durch die besprochenen Lösungsansätze beheben. Diese Vorgehensweise vermittelt dem gesamten Team einen wichtigen Lernfortschritt.

„Kotzrunde“

Manche Unternehmen sind dazu übergegangen, zum Schluss des Meetings eine „Kotzrunde“ vorzusehen. Nach dem Motto „Kotzen Sie sich einfach mal richtig über Missstände aus" wird den Teilnehmern die Gelegenheit geboten, ihnen auf der Seele lastende Fehler und Unzulänglichkeiten zu nennen, ohne dass sie mit Nachteilen rechnen müssen. Hiermit ist die Aufforderung verbunden, Vorschläge zu nennen, wie dem Problem bestmöglich begegnet werden kann. Falls nach einer Diskussion eine Entscheidung getroffen wird, kennen alle Anwesenden die künftige Vorgehensweise. Ansonsten wird das aufgezeigte Problemfeld notiert (Bearbeitungsspeicher) und zeitnah darüber entschieden und das Ergebnis kommuniziert.

Jour fixe

Ein Jour fixe ist ein in regelmäßigen Zeitintervallen stattfindender Termin, an dem ein Austausch über den Stand von Projekten passiert, sowie aktuelle Fragen geklärt werden. Hier bietet sich auch die Gelegenheit, Mitarbeiter auf denselben Wissensstand bezüglich aufgetretener Fehler und hierauf erfolgter Reaktionen zu bringen und eventuell neue Aspekte aufzunehmen.

Betriebliches Vorschlagswesen

In vielen Unternehmen werden die Mitarbeiter über das Betriebliche Vorschlagswesen (BVW) oder den Kontinuierlichen Verbesserungsprozess (KVP) aktiv in den Prozess des Findens von Lösungen für betriebliche Probleme einbezogen. Indem die Betriebsangehörigen ihr oft brachliegendes Wissens- und Erfahrungspotenzial einbringen, wird eine erhebliche Motivationswirkung erzielt.

Im Rahmen des Betrieblichen Vorschlagswesens sollen vorrangig ergebnisorientierte Verbesserungen im Detail bewirkt werden, die Einsparungen von Material und Zeit, schnellere Durchlaufzeiten, verbesserte Qualität, höhere Arbeitssicherheit usw. zur Folge haben können. Vom Unternehmen angenommene Verbesserungsvorschläge werden nach sachlichen Erwägungen entsprechend dem erzielten oder erzielbaren Nutzen honoriert.

Beim Kontinuierlichen Verbesserungsprozess (japanisch: Kaizen) sollen die Mitarbeiter in kleinen Schritten immer besser werden. Hier wird prozessorientiert gedacht und weniger ergebnisorientiert. Probleme sollen ohne Schuldzuweisung beseitigt werden. Es steht nicht der „große Wurf" im Vordergrund, sondern der allmähliche Wandel in kleinen Schritten.

Zur Komplettierung: Die für das Qualitätsmanagement bedeutungsvolle DIN EN ISO 9001 definiert den Prozess, mit dem ein erstmaliges Auftreten von Fehlern verhindert werden kann. Auch werden Korrekturmaßnahmen („Maßnahme zur Beseitigung der Ursache eines erkannten Fehlers oder einer anderen unerwünschten Situation") definiert, die das wiederholte Auftreten des gleichen Fehlers verhindern sollen. Dabei geht es nicht darum, den Fehler zu beheben (zum Beispiel durch Reparatur), sondern dessen Ursache zu finden und abzustellen, damit dieser nicht erneut auftritt. Vorgesehene Korrekturmaßnahmen müssen der Größe bzw. der Auswirkung des aufgetretenen Fehlers angemessen sein.

Auch wird ein dokumentiertes Verfahren gefordert, welches folgende Punkte beinhalten muss:

- Bewertung des Fehlers, unter Umständen unter Einschluss von Kundenbeschwerden,
- Ermittlung der Fehlerursache,
- Beurteilung des Handlungsbedarfs, um ein wiederholtes Auftreten des Fehlers oder der unerwünschten Situation zu verhindern,
- Ermittlung nötiger Maßnahmen und deren Umsetzung bzw. Verwirklichung,
- Aufzeichnungen über die Ergebnisse der umgesetzten Maßnahmen,
- Bewertung der Wirksamkeit von umgesetzten Maßnahmen.

Qualitätszirkel

Das Konzept eines Qualitätszirkels (ursprünglich aus dem Englischen: quality circle) beruht darauf, dass Fehler und Schwachstellen am ehesten dort erkannt und beseitigt werden können, wo sie auftreten. Durch ihre freiwillige Mitgliedschaft in einem Qualitätszirkel erhalten Mitarbeiter die Möglichkeit, Fehler in ihrem Arbeitsbereich, die sie bei der täglichen Arbeitsausführung behindern oder stören, eigenständig aufzugreifen und zu lösen. Da sie ständig mit den Alltagsproblemen in ihrem Arbeitsbereich konfrontiert sind, gelten sie als die eigentlichen Experten, deren Kreativitäts- und Problemlösungspotenzial nun genutzt wird.

Erfahrungsaustauschgruppe (Erfa-Gruppe)

Hier findet in regelmäßig organisierten Zusammenkünften ein Erfahrungsaustausch zwischen Vertretern unabhängiger Unternehmen statt. Bei der Aufnahme in eine Erfa-Gruppe werden betriebliche, inhaltliche und regionale Faktoren berücksichtigt. Vertreter konkurrierender Unternehmen werden aber nicht in dieselbe Gruppe aufgenommen. Das vorrangige Ziel einer Erfa-Gruppe besteht darin, Erfahrungen und Probleme zu erörtern, wobei aufgetretene Fehler und deren Lösung nicht verschwiegen werden. Indem ein Teilnehmer „aus dem Nähkästchen plaudert“, kann dies für einen anderen Teilnehmer die Initialzündung sein, sich mit möglichen Fehlerquellen frühzeitig zu beschäftigen.

Six Sigma-Verbesserungsprozess

Six Sigma hat sich von einem Begriff aus der Prozesssteuerung durch statistische Verfahren zu einem umfassenden Konzept für das Qualitätsmanagement entwickelt. Unter anderem kann Six Sigma die Güte eines Prozesses ermitteln, der im Mittel nur 3,4 Fehler oder Defekte bei einer Million Fehlermöglichkeiten erzeugt. Die fünf Phasen des Six Sigma-Verbesserungsprozesses sind:

1. Problem beschreiben
2. Auswirkungen messen
3. Kernursachen ermitteln
4. Problem beseitigen
5. Lösung verankern

Informationen zur Implementierung und Anwendung der Six Sigma-Methoden in einem Unternehmen sowie die Ausbildung für Mitarbeiter mit festgelegten Kompetenzen, Aufgaben und Rollen, die durch Rangzeichen (Gürtelfarben aus dem Kampfsport) zertifiziert ist, sind abrufbar unter: www.six-sigma.de

Fuckup-Meeting (Fuckup-Night)

Im Jahr 2012 unterhielten sich in Mexiko einige Freunde über ihre unternehmerischen Erfahrungen, insbesondere über die Fehler, die sie gemacht hatten. Schnell erkannten sie, wie wertvoll und fruchtbar der Austausch war, denn sie entdeckten Fettnäpfchen, in die manche von ihnen in gleicher oder ähnlicher Weise getappt waren. Die Reaktion bestand zumeist in dem Seufzer: „Hätte ich das doch nur früher gewusst, dann wären mir viel Arbeit, Aufwand und Ärger erspart geblieben."

Hieraus wurden mittlerweile weltweit Fuckup-Meetings (fuck up = umgangssprachlich für vermasseln) entwickelt. In ihnen berichten Unternehmer offen vor Publikum über ihre gescheiterten Projekte – was sie daraus gelernt und was sie im nächsten Versuch verbessert haben. Somit findet ein Wissenstransfer statt. Die Zuhörer können aus den geschilderten Fehlern lernen und nach dem Motto „Gefahr erkannt – Gefahr gebannt" vermeiden, in die gleiche Sackgasse zu laufen.

Verbesserungsvorschläge von neuen Mitarbeitern

Nimmt ein neuer Mitarbeiter seine Arbeit in Ihrem Bereich auf, bemühen Sie sich um seine Eingliederung, damit er recht schnell seine Sachaufgaben eigenverantwortlich und mit guten Ergebnissen wahrnehmen kann. Neben dem Begrüßungsgespräch am Tag der Arbeitsaufnahme werden Sie weitere Gespräche mit dem Newcomer führen, um sich über den Stand seiner Eingliederung zu informieren.

Besitzt der Neuling Erfahrungen aus früheren Arbeitsverhältnissen, bemerkt er im neuen Unternehmen vermutlich manche kritikwürdigen Dinge. Ein vorsichtig agierender Neuling wird sich mit Verbesserungsvorschlägen zurückhalten, um in der neuen Umgebung nicht als Besserwisser aufzufallen. Bevor der Neue seinen Unmut über Unzulänglichkeiten mit sich herumträgt oder über Mängel zu schimpfen beginnt, fordern Sie ihn zu konstruktiver Mitarbeit auf und weisen ihn darauf hin, dass Sie von ihm konstruktive und erwägenswerte Vorschläge wünschen: „Ich weiß, dass Sie ein umfangreiches Know-how besitzen und auch über einen großen Erfahrungsschatz verfügen. Deshalb meine Frage: Welche Vorschläge können Sie zur Beseitigung festgestellter Fehler und Mängel oder zur Verbesserung von Arbeitsabläufen in unserer Firma oder in Ihrem Arbeitsgebiet machen?"

Sollte hierbei nichts Verwertbares herauskommen, sollten Sie Ihre Erwartung darstellen, dass sich jeder Mitarbeiter bemüht, auch harte Nüsse zu knacken, also günstigere Lösungen zu suchen und zu finden.

Sicherlich sind die auf früheren Erfahrungen und bisherigen Tätigkeiten beruhenden Vorschläge nicht eins zu eins auf die neue Situation übertragbar. Dennoch können sich aus dieser Befragung innovatorische Anstöße und bessere, praktikablere Lösungen ergeben.

Verbesserungsvorschläge der Mitarbeiter zum Führungsverhalten des Vorgesetzten

Auch Führungskräfte sind keine Unschuldsengel. Wenngleich sie sich keiner Schuld bewusst sind, begehen sie Fehler und werden unbeabsichtigt auch zu Wiederholungstätern. So gibt bei manchen Vorgesetzten besonders das Führungsverhalten Anlass zu Klagen. Vermutlich würden sie an sich arbeiten und bisheriges Fehlverhalten revidieren, wüssten sie, welche Verhaltensweisen die Mitarbeiter bemängeln. Mithilfe einer (zumeist anonymen) Mitarbeiterbefragung erhält die Führungskraft Rückmeldungen über ihr in den Augen der Mitarbeiter fehlerhaftes und verbesserungsbedürftiges Führungsverhalten.

Die Mitarbeiter können in firmenspezifischen Fragebögen (vgl. Seite 99) zum Führungsverhalten ihres Chefs Stellung beziehen und ihre den Schulnoten angepassten Bewertungen abgeben. Gegen diese „Beurteilung von unten nach oben" melden manche Führungskräfte Vorbehalte an, weil sie vermuten, Mitarbeiter könnten sich für tatsächliche oder vermeintliche Ungerechtigkeiten revanchieren. Diese Befürchtungen haben sich indes nicht bewahrheitet, denn für eine „Rache des kleinen Mannes" gibt es nach den bisherigen Erfahrungen keine Belege.

Für die Auswertung bieten sich Feedbackgespräche zwischen dem Team und der Führungskraft an. Übernimmt ein neutraler Moderator die Leitung, kann die Einschätzung des Führungsverhaltens des Vorgesetzten Punkt für Punkt besprochen werden. Dabei bleibt es nicht aus, dass Wünsche, Erwartungen, Vorschläge und Maßnahmen erörtert werden. Durch diesen Gedankenaustausch erhält die Führungskraft wertvolle Informationen, die ihr Hinweise für ein besseres Führungsverhalten liefern.

Eine Information am Rande: In früheren Zeiten wäre es undenkbar gewesen, Vorgesetzte auf Fehler hinzuweisen oder gar ihr Führungsverhalten von den Untergebenen beurteilen zu lassen. So legte Kurfürst Friedrich Wilhelm von Brandenburg („Großer Kurfürst") unmissverständlich fest: „Es ist den Untertanen untersagt, den Maßstab ihrer beschränkten Einsicht an die Handlungen der Obrigkeit anzulegen."

DER FÜHRUNGSSTIL IHRER FÜHRUNGSKRAFT

Bitte nehmen Sie anonym Stellung zum Führungsverhalten Ihres Vorgesetzten. Es geht in dieser Befragung um Ihre Einschätzung des Führungsverhaltens Ihres Vorgesetzten, nicht um seine fachliche Qualifikation. Vergeben Sie bitte die üblichen Schulnoten. Eine Auswertung ist zeitnah vorgesehen.

	Note
• Sorgt Ihr Vorgesetzter in zufriedenstellender Weise für eine gute Zusammenarbeit in seiner Abteilung?	......
• Wie zufrieden sind Sie persönlich mit der Zusammenarbeit mit Ihrem Vorgesetzten?	......
• Verhält sich Ihr Vorgesetzter im Gespräch mit Ihnen aufgeschlossen?	......
• Informiert Ihr Vorgesetzter Sie über die Dinge, die Ihre Arbeit betreffen, rechtzeitig und ausreichend?	......
• Bespricht Ihr Vorgesetzter neue Aufgaben ausreichend mit Ihnen?	......
• Erfragt und beachtet Ihr Vorgesetzter Ihre Meinung bei wichtigen Entscheidungen, die Ihren Arbeitsbereich betreffen?	......
• Hilft Ihnen Ihr Vorgesetzter, wenn es mal Schwierigkeiten bei Ihrer Arbeit gibt?	......
• Setzt sich Ihr Vorgesetzter im Rahmen seiner Möglichkeiten für Sie ein, wenn Sie mit einem persönlichen Anliegen zu ihm kommen?	......
• Sind Sie mit den praktizierten Kontrollen Ihres Vorgesetzten einverstanden?	......
• Erkennt Ihr Vorgesetzter gute Leistungen an?	......
• Wenn einmal ein Fehler passiert, kritisiert Ihr Vorgesetzter Sie dann sachlich und konstruktiv?	......
• Fühlen Sie sich von Ihrem Vorgesetzten gerecht beurteilt?	......
• Wie beurteilen Sie das Betriebsklima in Ihrer Abteilung?	......

Sonstige Informationen

Gewiss spitzen Sie die Ohren, wenn von unterschiedlichen Seiten über Fehler in Ihrem Bereich berichtet wird. Wird Ihnen aber von Intriganten oder Denunzianten etwas zugetragen, lassen Sie Vorsicht walten. Werden Ihnen jedoch von anderen Betriebsstellen (u. a. Qualitätskontrolle, Arbeitsvorbereitung, Revisionsabteilung, Controlling) oder externen Beratern Informationen vermittelt, dass etwas „anbrennt", schalten Sie sich sogleich ein. Auch Kundenbefragungen können wertvolle Hinweise enthalten, denen Sie nachgehen müssen.

Führungskräfte haben Vorbildfunktion

Menschen verändern ihr Verhalten zu ca. 90 Prozent durch Imitation von Vorbildern. Als Vorbild betrachten wir eine Person, mit der wir uns identifizieren, deren Werte wir annehmen und deren Verhalten wir nachahmen. Mitarbeitern dienen Führungskräfte – ob bewusst oder unbewusst – als Orientierungsgröße. Sie beobachten und bewerten das Führungsverhalten und lassen sich hiervon inspirieren oder handeln bei negativer Beurteilung entgegengesetzt. Demzufolge sollte jede Führungskraft nicht nur den Anspruch entwickeln, als „Leitwolf" mit gutem Beispiel voranzugehen und damit richtige Maßstäbe zu setzen, sondern sie muss diese Maßstäbe auch tagtäglich praktizieren. Keine Anweisung, keine Ermahnung, keine Kritik und keine Predigt ist so wirkungsvoll wie das gelebte Vorbild einer Führungskraft. Mark Twain erkannte:

> Wenige Dinge auf Erden sind lästiger als die stumme Mahnung,
> die von einem guten Beispiel ausgeht.

Auch wenn eine Führungskraft bei jeder Gelegenheit ihren Mitarbeitern erklärt, sie müssten für ihre Fehler einstehen und offen und ehrlich mit ihnen umgehen, wirkt sie unglaubwürdig, wenn sie diese Werte nicht selbst verkörpert. So haben es sich manche Mitarbeiter erst von ihren Vorgesetzten abgeschaut, im Arbeitsalltag Fehler zu leugnen oder auf andere abzuwälzen.

Das überzeugende Vorleben lässt sich nicht durch gute Argumente oder klare Anweisungen ersetzen. Würde der Vorgesetzte dennoch versuchen, seine Vorstellungen durchzusetzen, wären wenig schmeichelhafte Kommentare hinter vorgehaltener Hand unvermeidlich: „Soll er doch erst vor der eigenen Türe kehren. Der hat es gerade nötig, große Töne zu spucken."

Mancher Leser kann aus leidvoller Erfahrung bestätigen, dass Vorgesetzte eigene Fehler nicht offen eingestehen. Viele Führungskräfte befürchten damit vermutlich einen Autoritätsverlust. Für sie kommt es überhaupt nicht in Betracht, einen Fehler zuzugeben oder sich ernsthaft mit der Kritik von Mitarbeitern zu beschäftigen.

Dabei sollten Führungskräfte ein gesundes Selbstvertrauen beweisen, indem sie schwierigen Situationen mit Gelassenheit begegnen und auch bereit sind, eigene Fehler einzugestehen. Sie erkennen dann, dass ihnen mit der Kritik von Mitarbeitern Verbesserungsvorschläge angeboten werden. Diese Rückmeldungen können anspornen und helfen, zu lernen und zu wachsen. Sie bewahren davor, die Bodenhaftung zu verlieren und Fehlentwicklungen zu übersehen.

Manche Führungskräfte vertuschen eigene Fehler oder nutzen ihre rhetorischen Stärken, um mit spitzfindigen Erklärungen Fehlerhaftes zu überspielen. Sie merken dabei allerdings nicht, dass ihnen ihre Mitarbeiter mit jedem Entschuldigungsversuch die besonders bedeutungsvolle persönliche Autorität weiter entziehen.

> **Wer wirklich Autorität hat,**
> **braucht sich nicht zu scheuen, Fehler zuzugeben.**
> BERTRAND RUSSELL, BRITISCHER PHILOSOPH UND MATHEMATIKER (1872–1970)

Statt einen Fehler zuzugeben, suchen diese eher „schwachen Kandidaten" nach Sündenböcken und erfinden Ausflüchte. Ausreden und unglaubwürdige Erklärungsversuche wirken wenig vertrauensbildend. Besonders mit der Formulierung „Ja, aber …" (im Klartext: „Mich trifft keine oder kaum eine Schuld, ich kann nichts dafür.") werden Fehler besonderen Umständen zugeschrieben oder bei anderen Personen gesucht – nicht aber bei sich selbst. Damit verstreicht eine Chance, aus dem Vorgefallenen zu lernen und sich zu verbessern mit der Folge, dass sich der gleiche Fehler wiederholen kann. Geradezu „tödlich" für eine gute Zusammenarbeit ist es, eigene Fehler Mitarbeitern in die Schuhe zu schieben.

Stattdessen zeugt es von Größe und Stärke, einen Fehler ohne Wenn und Aber zuzugeben.

Hier nun einige Hinweise, wie Sie auf Kritik von Mitarbeitern reagieren sollten:

- Werden Sie auf Fehler aufmerksam gemacht, versuchen Sie nicht gleich, sich zu verteidigen oder die Sache klarzustellen. Erkennt der Mitarbeiter Ihren Widerstand, wird er Kritikwürdiges künftig für sich behalten.
- Versuchen Sie zunächst, ruhig zuzuhören, den Mitarbeiter nicht zu unterbrechen und zu prüfen, ob Sie auch richtig verstehen, was er meint. Wenn Ihnen das nicht klar wird, fragen Sie nach.
- Gehen Sie davon aus, dass Ihr Mitarbeiter keine objektive Sicht der Dinge hat und manche Aspekte nur unscharf sieht. Deshalb sind seine Eindrücke aber nicht falsch, sondern subjektiv und persönlich.
- Nicht jeder Mitarbeiter wartet mit einem treffend formulierten Hinweis auf, denn nicht jedem wurde es in die Wiege gelegt, seine Gedanken überzeugend vorzutragen. Lassen Sie sich nicht durch Vorwürfe oder harsche Kritik aus dem Gleichgewicht bringen. Vielmehr sollten Sie den Vorfall in Ruhe analysieren: Handelt es sich um „heiße Luft“ oder steckt unter der „rauen Schale“ einer Attacke ein „wahrer Kern“, der für Sie bedeutsam sein kann?
- Überlegen Sie:
  - Hat der Mitarbeiter recht?
  - Betrifft sein Hinweis einen bestimmten Aspekt oder umfasst er in einem „Rundumschlag“ diverse Anknüpfungspunkte?
  - Kann ich meine Arbeit/mein Verhalten verbessern, wenn ich den Hinweis beherzige?
- Bei einem berechtigten Hinweis sollte Ihr Dank nicht fehlen:
  „Besten Dank für Ihren Hinweis. Mir ist es lieber, Sie sprechen mich einmal mehr an, als dass irgendetwas anbrennt. Machen Sie mich bitte auch künftig auf Fehlerhaftes aufmerksam, damit sich Fehler nicht negativ auf das gesamte Team auswirken können.“
- Generell sollten Sie froh sein, dass Ihr Mitarbeiter Sie auf Ihren Fehler hinweist, selbst wenn Ihnen die Botschaft im ersten Moment nicht gefällt. Formulierungen wie
  - „Danke für diese Information. Dadurch erscheinen mir jetzt manche Dinge in einem ganz anderen Licht.“
  - „Diese Information hat es in sich. Danke für Ihre Offenheit. Darüber muss ich erst einmal eine Nacht schlafen.“
  - „Das höre ich zum wiederholten Mal, das kommt für mich nicht überraschend. Offensichtlich fällt mir die Trennung von lieb gewonnenen Verhaltensweisen schwer.“

lassen erkennen, dass Sie auch mit unangenehmen Nachrichten gut umgehen können. Sie signalisieren dem Mitarbeiter, dass das Motto „Lieber schweigen als etwas riskieren und sich in die Nesseln setzen“ fehl am Platz ist und dafür seine Meinung gefragt ist – auch wenn diese für Sie nicht immer bequem ist! Indem Sie zu eigenen Fehlern stehen, zeugt das von Ihrem Verantwortungsgefühl. Mit Ihrem Verhalten erleichtern Sie Ihren Mitarbeitern, ihrerseits offen über ihre Fehler zu sprechen.
- Betrachten Sie die Kritik eines Mitarbeiters zunächst als Geschenk. Sie bestimmen, was mit dem Geschenk geschieht: Es wegwerfen (= nicht akzeptieren), es erst einmal wegstellen (= in Ruhe darüber nachdenken, überprüfen) oder es akzeptieren (= Verhaltensänderung praktizieren).

Abschließend noch ein Hinweis: Ihr Verhalten wird nicht nur von Ihren Mitarbeitern zur Kenntnis genommen. Da im Betrieb niemand allein auf einer Insel lebt, bleibt Ihr Vorgehen auch Ihren Kollegen, deren Mitarbeitern und auch Ihrem eigenen Vorgesetzten nicht verborgen.

Angstfreie Auseinandersetzung mit Fehlern

Bis auf Saboteure (die mit der vollen Wucht arbeits- und strafrechtlicher Konsequenzen abzustrafen sind) begeht kein Mitarbeiter vorsätzlich Fehler. Er gibt vielmehr sein Bestes, damit alles wie geplant klappt, denn mit seinem Einsatz möchte er ein optimales Ergebnis erreichen. Er hat auch keine Lust, Anzahl und Schwere gemachter Fehler zu vergrößern. Dennoch passieren Fehler, auf die manche Führungskräfte in drastischer Weise reagieren. Sie übersehen, dass sich mit Häme, Vorwürfen und Schuldzuweisungen keine Fehler zu allseitiger Zufriedenheit aus dem Weg räumen lassen. Im Gegenteil: Der Angegriffene fühlt sich tief verletzt, reagiert vielleicht stur und bockig, ist auch nicht bereit, den sachlichen Kern eines Vorwurfs zu akzeptieren oder zeigt Aggressionen. Derartige Reaktionen verwundern uns nicht, wenn wir bedenken, dass jeder Mensch in europäischen oder europäisch geprägten Gesellschaften drei große unsichtbare Spruchbänder auf seiner Brust trägt, auf denen steht:

- Ich möchte wichtig sein!
- Ich möchte anerkannt werden!
- Ich möchte bewundert werden!

Wird diesen Wünschen ganz bewusst in abschätziger Weise nicht nachgekommen, entstehen Frustrationen, die einem erfolgreichen Umgang miteinander im Weg stehen. Bildlich gesprochen steigt zwischen den Beteiligten Nebel auf, der mit zunehmenden Vorwürfen immer dichter wird. Die Folge: Man erkennt einander kaum noch und auch die Schallwellen werden gedämpft, womit die Gefahr des Missverstehens oder Nichtverstandenwerdens ansteigt.

Erst mit einer sachlichen und nüchternen Fehleranalyse, die niemanden bloßstellt, wird eine angstfreie Aussprache über tatsächliche oder vermeintliche Fehler gestartet. Diese Herangehensweise erlaubt es, Fehlereingeständnisse des Mitarbeiters stets mit Respekt und Verständnis zu behandeln.

Gravierende Fehler unverzüglich nach Erkennen melden

Bei einigen Menschen gilt es als Stärke, standhaft und konsequent zu bleiben, auch wenn ein Fehler entdeckt wird, der auf ihr Konto geht. Dann nehmen sie die Haltung „Ein dickes Fell haben und die Situation aussitzen" oder „Augen zu und durch" ein, selbst wenn dadurch ein sich abzeichnender Schaden noch vergrößert wird. Sie betrachten es als Schwäche, Fehler einzugestehen oder einmal getroffene Entscheidungen umzustoßen. Tatsächlich ist es ein Zeichen von Schwäche, feige und unehrlich darauf zu hoffen, nicht Zielscheibe von Kritik zu werden. Auch stellt sich der Fehlerverursacher in Widerspruch zu einer Aussage von Konfuzius:

> Wer einen Fehler gemacht hat und ihn nicht korrigiert,
> begeht einen zweiten.

Manchmal soll mit einer unterbliebenen Fehlermeldung auch ein zusätzlicher Arbeitsaufwand durch eine Ursachenanalyse und eine folgende Korrekturmaßnahme vermieden werden. Möglicherweise unterbleibt eine Fehlermeldung auch, weil der Fehler als geringfügig oder unwichtig eingeordnet wird. Da diese Bewertung Folge eines eingeschränkten Blickwinkels (eigener Arbeitsplatz) ist, lassen sich in der Gesamtschau für das Unternehmen jedoch fatale Folgen nicht ausschließen. Im Zweifelsfall wäre eine frühzeitige Kurzinformation des Vorgesetzten zu empfehlen, um eine mögliche Verschlimmerung auszuschließen.

Weil manche Mitarbeiter sich für ihre Fehler schämen und schmerzhafte Sanktionen befürchten, würden sie den Fehler am liebsten unter den Teppich kehren. So deckt man über den Fehler den Mantel des Schweigens. Mit ihrer Passivität erweisen sie sich jedoch keinen guten Dienst. Denn dass diese Mitarbeiter die Affäre schadlos überstehen können, ist unwahrscheinlich. Schwere Fehler im Beruf bleiben nicht unentdeckt, sondern kommen irgendwann ans Licht. Bis dahin hatte der Fehler Zeit, sich auszudehnen und sich schlimmstenfalls bis zu einer Katastrophe auszuwachsen.

Und was geschieht, wenn die Führungskraft auf den passiven Fehlerverursacher unvermittelt zukommt und ihn mit dem verheimlichten und mittlerweile entdeckten Fehler konfrontiert? Dann ist die Situation kaum noch zu retten, auch nicht mit einem Gestammel oder mit Notlügen, die alles noch viel schlimmer machen. In diesem Fall ist für den Vorgesetzten die Unterstellung nicht abwegig, der Mitarbeiter habe etwas vertuschen wollen. Die Vertrauensbasis zwischen den Beteiligten wird wegen des verantwortungslosen Umgangs mit dem Fehler und der fehlenden Offenheit und Respektlosigkeit sicherlich Schaden nehmen.

Wer hat nicht schon die pessimistische Aussage eines Mitarbeiters gehört: „Wozu soll ich einen Fehler ansprechen oder auf Missstände hinweisen? Es ändert sich ja doch nichts."

Weil wir dies schon häufig in unserem Leben gehört haben, ist die Versuchung groß, dieser Klage beizupflichten. Dennoch ist dieser Aussage energisch zu widersprechen, selbst wenn diese auf Verzagtheit schließende Meinung gebetsmühlenartig wiederholt wird. Die Geschichte lehrt, dass selbst unmöglich Erscheinendes plötzlich möglich wird (z. B. Fall der Berliner Mauer, Auflösung der Sowjetunion).

Es scheint immer unmöglich zu sein, bis es getan ist.
NELSON MANDELA, SÜDAFRIKANISCHER AKTIVIST UND POLITIKER (1918–2013)

Es ist Ihre Aufgabe als Führungskraft, selbst bei früheren destruktiven Erfahrungen auf der Mitarbeiterseite einzugreifen und am Ziel – dem konstruktiven Umgang mit Fehlern – festzuhalten, indem Sie mit gutem Beispiel vorangehen. Deshalb reagieren Sie auf Fehlermeldungen und Änderungsvorschläge keinesfalls destruktiv und demotivierend, sondern fühlen sich der Erkenntnis verpflichtet: „Das Bessere ist der Feind des Guten!"

Müssen Ihre Mitarbeiter Ihr Donnerwetter nicht fürchten und können sie mit Ihrem konstruktiven Echo rechnen, sinken sowohl der Angstpegel als auch die Hemmschwelle, einen Fehler einzugestehen, erheblich. Dafür ist ein offensiver und verantwortungsvoller Umgang mit der Situation dringend geboten, sodass Mitarbeiter bereit sind, die Flucht nach vorn anzutreten und Sie als Vorgesetzten mit einem ehrlichen Fehlereingeständnis zu entwaffnen. Damit beherzigen sie eine bedeutungsvolle Lebensweisheit:

> **Bist du im Unrecht, gib es schnell zu.**
> DALE CARNEGIE, US-AMERIKANISCHER KOMMUNIKATIONS- UND MOTIVATIONSTRAINER (1888–1955)

Es sind Charakter und Mut vonnöten, einen schweren, selbst verursachten Fehler zu benennen, der ans Licht bringt, was bislang verborgen war. Zugegeben: Das kann dem eigenen Ego einen gehörigen Knacks versetzen. Aber es hilft nichts. Für jeden Mitarbeiter – und auch jede Führungskraft – muss es vorrangig sein, reinen Tisch zu machen und die Verantwortung für den Fehler zu übernehmen.

> **So ist es denn auch ein Zeichen seelischer Gesundheit, seine Fehler einzugestehen.**
> SENECA

Dennoch erscheint manchen Mitarbeitern ein Abwarten verlockend in der Hoffnung, die Dinge könnten sich von allein regeln, die Spuren könnten verwischt werden oder das Missgeschick würde im Trubel des Tagesgeschäfts untergehen. Dabei wird wertvolle Zeit verloren, die doch erforderlich ist, um auf den Fehler schnell zu reagieren.

Je früher ein Fehler aufgedeckt wird und man die Reißleine zieht, desto geringer sind mögliche negative Folgen.

Apropos Kosten: Die auf Erfahrungswerten beruhende Zehnerregel (rule of ten) der Fehlerkosten besagt, dass die Kosten der Fehlerbehebung in jeder einzelnen Phase bzw. Stufe der Wertschöpfungskette um den Faktor 10 steigen.

Ein Beispiel: An einem Fließband kommt es zu einem Patzer. Wird dieser sofort korrigiert, ist hierfür ein Euro aufzuwenden. Nach dem ersten Abschnitt erhöhen sich die Kosten bereits auf 10 Euro, am Ende des Fließbands auf 100 Euro und schließlich auf weit über 1000 Euro, wenn das Produkt das Haus bereits verlassen hat, nun zu einem teuren Reklamationsfall wird oder eine aufwändige Rückrufaktion auslöst. Zu den direkten Kosten der Fehlerbeseitigung kommen noch indirekte Kosten wie Imageschäden, Kundenverluste und Vertrauenseinbußen.

Statt einen gravierenden Fehler zu vertuschen und so noch schlimmer zu machen, ist es stets günstiger, in die Offensive zu gehen und Kritikern einigen Wind aus den Segeln zu nehmen. So könnte ein Mitarbeiter formulieren:

„Ich nehme diesen Fehler auf meine Kappe. Es tut mir wirklich leid und ich entschuldige mich hierfür."

Diese lapidare Entschuldigung ist ein guter Anfang, kann Ihnen als Führungskraft aber nicht genügen. Wichtig ist, den Fehler präzise zu beschreiben: Was ist passiert? Warum ist es passiert? Dabei ist realistisch zu berichten, ohne zu beschönigen, zu übertreiben oder etwas herunterzuspielen. Stattdessen sollte ein Fehlereingeständnis lauten:

„Die auf mein Konto gehende Panne tut mir sehr leid. Ich bitte um Entschuldigung. Ich bedauere auch den Ihnen entstandenen Zeitverlust. Bitte glauben Sie mir, dass ich in bester Absicht für das Unternehmen handelte. Leider übersah ich ... (Beschreibung des Fehlers). Dieses Missgeschick lässt sich nicht mehr rückgängig machen. Aber ich habe mir zwei Lösungsansätze überlegt, wie die Situation noch einigermaßen glimpflich für uns bereinigt werden kann, und zwar ... (Lösungsangebote)."

Geben Sie Ihren Mitarbeitern zu verstehen, dass ein solches einmaliges „Schuldeingeständnis" ausreicht und von weiteren devoten Entschuldigungen abgesehen werden kann. Zumeist würden doch nur faule Ausreden folgen („Ich konnte eigentlich nichts dafür ..."), die niemandem dienen – am wenigsten dem Renommee des Mitarbeiters.

WAS SPRICHT FÜR EIN SCHNELLES AUFDECKEN VON FEHLERN?

Je früher der Fehler bekannt wird,

- desto größer ist die Wahrscheinlichkeit, ihn zu beheben, bevor er seine negativen Wirkungen entfalten kann.
- desto schneller ist die Ihr Image schädigende Fehlersuche beendet.
- desto größer ist die Chance, gegenzusteuern und negative Auswirkungen zu begrenzen oder gar nicht erst zum Tragen kommen zu lassen.
- desto eher können Vertrauensverluste, Imageschäden und Kundenverluste vermieden werden.
- desto geräuschloser lässt er sich ausbügeln, bevor er hohe Wellen schlägt und an die große Glocke gehängt wird.

- desto weniger ist damit zu rechnen, dass ein Fehler weitere Fehler nach sich zieht und sich das Malheur hochschaukelt.
- desto eher kann durch schnelles und mutiges Handeln Schlimmeres verhindert werden.
- desto eher lassen sich Folgefehler vermeiden.
- desto geringer ist die Gefahr, dass aus einem Fehler eine Gewohnheit wird, die später nur mit großem Energieaufwand eliminiert werden kann.
- desto eher lassen sich Auswirkungen auf das gesamte Unternehmen vermeiden.
- desto mehr Zeit steht bei Terminarbeiten zur Verfügung, den Fehler zufriedenstellend auszubügeln.
- desto eher kann sich das Nervenkostüm des Fehlerverursachers beruhigen.
- desto geringer sind die Fehlerkosten und die Sicherheitsrisiken.

Als Führungskraft sind Sie in der Regel selbst Mitarbeiter und können die Situation der Ihnen unterstellten Betriebsangehörigen bestens nachvollziehen. Deshalb sollten Sie im Umgang mit Fehlern selbst stets als gutes Vorbild vorangehen. Ermutigen Sie Ihre Mitarbeiter dazu, mit ihren Lösungsvorschlägen erwägenswerte Wege aufzuzeigen, die aus dem Dilemma führen können. Weil der Fehler dem Zuständigkeitsbereich des Fehlerverursachers zuzuordnen ist, den dieser am besten überblicken kann, liegt die Vermutung nahe, dass Problemlösungen mit Substanz von ihm entwickelt werden können.

Mit dem empfohlenen Vorgehen übernehmen Mitarbeiter die Verantwortung für das eigene fehlerhafte Verhalten und demonstrieren mit den Lösungsvorschlägen die nötige Eigeninitiative. Auch lässt sich so die Aufmerksamkeit des Vorgesetzten auf Zukünftiges richten und von Vergangenem ablenken, das ohnehin nicht mehr geändert werden kann.

Jedoch sollten Führungskräfte keinesfalls darauf bestehen, über jeden unbedeutenden kleinen Fehler informiert zu werden, der ohne spürbare Konsequenzen bleibt und vom Mitarbeiter selbst problemlos ausgebügelt werden kann. Allenfalls reicht in solchen Fällen eine kurze Randnotiz, beispielsweise bei einer Mitarbeiterbesprechung:

„Da gab es ein kleines Problem mit Firma X, das aber schnell gelöst werden konnte …“

Handelt es sich bei gleichem Sachstand um einen erstmaligen Fehler und ist die Entschuldigung glaubhaft, sind folgende Antworten zu empfehlen:

- „Beruhigen Sie sich bitte, nehmen Sie Platz und berichten Sie, was geschehen ist. Danach werden wir schon eine Lösung finden."
- „Danke für Ihre Offenheit. Ich akzeptiere Ihre Entschuldigung. Dabei hoffe ich sehr, dass dieser Lapsus nicht wieder vorkommt."
- „Dieser Fehler muss Ihnen nicht unangenehm sein, das ist schon anderen Mitarbeitern passiert. Nur gut, dass Sie mir den Fehler so schnell melden. Wen haben Sie außerdem bereits informiert?"
- „Ich bin froh, dass Sie gleich zu mir gekommen sind, bevor ein größerer Schaden entstanden ist. Dieser Aspekt kann schon einmal im Eifer des Gefechts übersehen werden. Schließlich ist noch kein Meister vom Himmel gefallen."
- „Jetzt nehmen Sie sich das nicht gleich so zu Herzen, das wird schon wieder. Bügeln Sie diesen Fehler einfach durch engagiertes und fehlerfreies Arbeiten wieder aus. Im Übrigen bin ich froh, dass ich mich auf Sie verlassen kann."

Für den Mitarbeiter ist es vermutlich überraschend, wenn Sie Ihrer Reaktion einen positiven Hinweis über seine schnelle Fehlermeldung und das gezeigte Verantwortungsbewusstsein zufügen. Damit signalisieren Sie ihm Ihren Respekt und Ihre Wertschätzung in einer für ihn unangenehmen Situation.

In einigen Unternehmen herrscht großes Interesse daran, dass die Mitarbeiter Fehler melden, damit sie künftig vermieden werden. Hier kann es sinnvoll sein, eine Möglichkeit zur anonymen Meldung anzubieten, beispielsweise einen firmeninternen Ombudsmann, einen Kummerkasten oder eine Fehlerliste im Intranet. Die Fehlermeldungen sollen sich nicht nur auf selbst verursachte Fehler beschränken. Vielmehr sollte sich jedes Betriebsmitglied an dem Grundsatz orientieren:

Was nicht funktioniert, wird sofort gemeldet.

So lassen sich Fehler schnellstmöglich beheben. Eventuell kann auch ein IT-gestütztes Fehlermeldesystem (CIRS = Critical Incident Reporting System) zur anonymisierten Meldung von kritischen Ereignissen und Beinahe-Schäden implementiert werden, so wie es in Einrichtungen des Gesundheitswesens und der Luftfahrt eingesetzt wird. Dieses Meldeverfahren sollte als Frühwarnsystem und innerbetrieblicher Bestandteil des Wissensmanagements betrachtet werden. Hierbei können ähnliche Fehlermuster identifiziert werden, sodass sie sich systematisch vermeiden lassen, bevor sie gemacht werden.

Ohne eine folgende Fehlerbearbeitung wäre eine Fehlermeldung nutzlos. Vier Fehlerbearbeitungsmöglichkeiten sind denkbar:

1. Fehler werden vom Mitarbeiter selbst behoben.
2. Entsprechend ausgebildete Mitarbeiter erarbeiten Lösungsvorschläge und sorgen für eine schnelle Umsetzung.
3. In Workshops oder Arbeitsgruppen erarbeiten Teams Lösungsansätze.
4. Ist im Unternehmen das erforderliche Know-how nicht abrufbar, wird ein externer Spezialist zurate gezogen. Eine vom Unternehmen akzeptierte Lösung wird häufig mit seiner Hilfe installiert.

Blick nach vorne richten, Korrekturmaßnahmen entwickeln und zeitnah umsetzen

Bei einem permanenten „Blick zurück im Zorn", mit ständigem Wehklagen und rückwärtsgewandten Formulierungen wird die destruktive Betrachtungsweise nicht verlassen:

- „Wie konnte Ihnen das nur passieren? Sie mussten doch wissen, dass Ihr Vorgehen zum Scheitern verurteilt war!"
- „Sie hätten das doch sehen müssen. Wissen Sie eigentlich, wie sehr Sie mit Ihrem Fehler unserer Firma geschadet und uns in Misskredit gebracht haben?"
- „Konnten Sie nicht wie jeder normale Mensch besser aufpassen?"
- „Was ist Ihnen über die Leber gelaufen, diesen Unsinn zu verzapfen?"

Soll ein Weg zu neuen Ufern beschritten werden, ist der Blick zuallererst nach vorne zu richten. Dieser Blick in die Zukunft ist bedeutsamer, als weiter über längst vergossene Milch zu jammern.

Jetzt stehen die lösungsorientierte Fehlerbereinigung und -vermeidung im Vordergrund, die möglichst auch denkbare ähnliche Fehler einschließen sollte. Produziert sich hierbei die Führungskraft als Oberlehrer und Alleinunterhalter, der nur eigene Vorstellungen vorträgt, den Mitarbeiter zum stummen Statisten verdammt und schließlich das aus seiner Sicht optimale Ergebnis festlegt, wäre das Gesprächsergebnis suboptimal. Sehr viel günstiger ist die aktive Beteiligung des Mitarbeiters, wobei dieser eigene Vorstellungen entwickelt. Je mehr der Mitarbeiter erwägenswerte Wege, Mittel und Maßnahmen vorschlägt, umso stärker wird er eine seine eigenen Gedanken beinhaltende Lösung akzeptieren, sich mit ihr identifizieren und sie dann auch realisieren. Ergebnisse, die der Mitarbeiter mit festlegen konnte, bündeln seine Energien für konkrete Handlungen. Er wird trotz anfänglicher Schranken und Hemmnissen selbst mitentwickelte Ziele mit größerem Eifer zu erreichen versuchen als solche, die ihm von der Führungskraft aufgezwungen wurden.

Idealerweise sollte gemeinsam nach Lösungen gesucht werden, wobei drei Fragen auf praktikable Antworten warten:

- „Wie bekommen wir das gemeinsam wieder hin?"
- „Wie können wir verhindern, dass der Fehler erneut passiert?"
- „Wie können wir Fehler rechtzeitig erkennen?"

Zunächst müssen Ursachen und Folgen von Fehlern ermittelt werden. Zumeist lassen sich Fehler eher korrigieren, wenn ihre Ursachen bekannt sind. Deshalb ist es legitim, nach den Ursachen von Fehlern zu forschen, denn der Zweck des Nachhakens liegt in der Ausmerzung der Fehlerquelle, nicht aber in Schuldzuweisungen an den Mitarbeiter oder im Anstimmen von Klageliedern über Vergangenes.

Die Analyse sollte sich auf folgende Fragen konzentrieren:

- Was ist vorgefallen?
- Was war der Auslöser für diesen Fehler?
- Wo passierte es?
- Wann ereignete es sich?
- Wer war beteiligt?
- Welches Ausmaß liegt vor?
- Kann ein ähnlicher Fehler erneut vorkommen?

Eine weitergehende intensive Ursachenforschung – insbesondere Fahndung nach Schuldigen – sollte unterbleiben. Denn hierbei schwingen Schuldzuweisungen mit, die niemand auf sich sitzen lassen will.

Möglicherweise lässt sich bereits jetzt das gesamte Prozedere verkürzen oder abschließen, wenn folgende Fragen zufriedenstellend beantwortet werden können:

- Gibt/gab es identische/ähnliche Fälle?
- Wie wurden sie gelöst?
- Welche der Lösungen könnte auf unseren Fall mit guten Erfolgsaussichten angewendet werden?

Bietet sich der Rückgriff auf positive Erfahrungen nicht an, richtet sich die Konzentration auf nachstehende Fragen:

- Welche konkreten Handlungen und Veränderungen sind notwendig?
- Wie können wir die negativen Auswirkungen dieses Fehlers verhindern?
- Was können wir tun, um den Schaden zu beheben?
- Welche konkreten Schritte zur Fehlerbeseitigung – Wer macht was bis wann? – sind erforderlich?
- Durch welche Maßnahmen lässt sich eine Wiederholung des Fehlers vermeiden?
- Was kann aus diesem Fehler gelernt werden?

Damit der in der letzten Frage angesprochene Lerneffekt nicht nur bei den direkt Betroffenen Früchte trägt, sollte Teammitgliedern in Meetings die Gelegenheit geboten werden, sich über gravierende Fehler und deren Beseitigung zu informieren. So erhalten die Kollegen einen Bericht über den Fehler und die dazugehörige Lösung und entwickeln ein Gespür dafür, wo mit ähnlichen Fehlern zu rechnen ist und wie diese zu beseitigen sind. Damit kommt das gesamte Team einen Schritt voran.

Vorstellbar ist, dass bei diesem Vorgehen auch bisher unbemerkt gebliebene Fehler erkannt werden. Dann ist zu entscheiden, ob jetzt noch eine Nachbearbeitung vorzusehen ist oder der Vorgang besser endgültig abgehakt wird.

Nach einiger Zeit kann der erörterte Fehler samt Lösung in Vergessenheit geraten. Später in das Team integrierten Mitarbeitern fehlen die zur Vorsicht mahnenden Informationen aus früheren Begebenheiten. In diesen Fällen erhöht sich das Risiko, dass sich der Fehler wiederholt. Indem wesentliche Fehler anonymisiert notiert und um zusätzliche Hinweise einzelner Mitarbeiter in anonymer Form ergänzt werden, entsteht eine als Fehlerwarnsystem zu nutzende Dokumentation.

Korrekturgespräche sachlich und aufbauend führen

Mit der Floskel „Ich bin ja auch nur ein Mensch“ versuchen Führungskräfte fehlerhafte Korrekturgespräche zu entschuldigen. Ein „Menscheln“ an dieser Stelle sollte jedoch wegen der negativen Auswirkungen unterbleiben. Indem Sie vor jedem beabsichtigten Gespräch gewissenhaft prüfen, ob Sie sich gut vorbereitet haben, erfüllen Sie eine wesentliche Voraussetzung für ein sachliches und konstruktives Gespräch. Hilfe bietet eine Prüfliste, deren Fragen Sie sich vor jedem Korrekturgespräch stellen sollten:

	Ja	Nein
1. Ist in diesem Fall eine Korrektur erforderlich?	☐	☐
2. Bin ich für dieses Gespräch zuständig?	☐	☐
3. Ist das gesamte Team anzusprechen?	☐	☐
4. Bin ich bereit, die häufigsten Fehler im Korrekturgespräch zu vermeiden?	☐	☐
5. Kann ich den Gesprächstermin bestimmen?	☐	☐
6. Kann ich den Gesprächsort bestimmen?	☐	☐
7. Bin ich gut vorbereitet?	☐	☐
8. War die Zielvereinbarung realistisch?	☐	☐
9. Treten schwerwiegende Folgen auf, wenn ich das Gespräch nicht führe?	☐	☐
9 x „Ja“? = Korrekturgespräch führen!		

1. Ist in diesem Fall eine Korrektur erforderlich?

Eine Führungskraft, die aus „Nächstenliebe“, Mangel an Courage, fehlender Sensibilität oder aus sonstigen Gründen einen Mitarbeiter nicht auf dessen Fehler anspricht, kommt ihren Führungsaufgaben nicht nach. Egal, ob es ihr peinlich ist oder ob ihr der Mut fehlt, einem Mitarbeiter etwas Unangenehmes zu sagen – auf jeden Fall begeht sie einen Führungsfehler. Stellt sie den erkannten Fehler nicht zur Diskussion, erkennt der Mitarbeiter den Fehler nicht, ändert sein Verhalten nicht und verbessert damit auch nicht seine Leistung. Deshalb darf die Führungskraft keinesfalls großzügig über Fehler hinwegsehen und die Mitarbeiter sich selbst überlassen. Das Ignorieren von

Fehlern nützt niemandem, schadet aber dem Unternehmen, weil die Wiederholung von Fehlern nicht verhindert wird.

Erhält der Mitarbeiter kein Echo auf von ihm verursachte Fehler, werden nicht angesprochene und damit geduldete Fehler allmählich zur Norm, zum üblichen Standard.

> **Glücklich sind, die erfahren, was man an ihnen aussetzt, und sich danach bessern können.**
> WILLIAM SHAKESPEARE, ENGLISCHER DRAMATIKER (1564–1616)

Überlegen Sie, ob Sie vom traditionellen Rollenverständnis abgerückt sind, wonach Fehler vom Vorgesetzten gerügt und auch bestraft werden müssen. Sicherlich lässt sich immer ein Anlass zur Kritik finden, denn nur wer den ganzen Tag die Hände in den Schoß legt, kann nichts verkehrt machen. Aber müssen Sie schon bei der geringsten Kleinigkeit aktiv werden und mit Kanonen auf Spatzen schießen?

Hält eine Führungskraft ihren Mitarbeitern möglichst oft den kritischen Spiegel vor, wird sie nach einiger Zeit nicht mehr ernst genommen. Beim Mitarbeiter wird der Verdacht aufkommen, es gehe seinem pingeligen Vorgesetzten nicht um das Ausmerzen schädigender Fehler, sondern um den Beweis, wie unzulänglich er ist. Außerdem reduziert der zum Ausdruck kommende Misskredit die Leistungsbereitschaft. Zusätzlich entwickelt der Mitarbeiter Aversionen gegen seine Arbeit, besonders aber gegen seinen Vorgesetzten.

2. Bin ich für dieses Gespräch zuständig?

Grundsätzlich werden Sie immer nur gegenüber unmittelbar unterstellten Mitarbeitern aktiv.

Ausnahme: In akuten Gefahrensituationen übernimmt die Person die Initiative, die die Gefahr erkennt.

Beispiel: Ein Auszubildender mit langer Haarpracht beugt sich interessiert über eine laufende Drehbank. Hier muss jeder Vorbeikommende sofort einschreiten, damit der Auszubildende keinen Schaden nimmt. Würde erst der Ausbilder als direkter Vorgesetzter eingeschaltet, bestünde die große Gefahr, dass der Auszubildende zwischenzeitlich skalpiert wird.

3. Ist das gesamte Team anzusprechen?

Wurde ein Fehler vom gesamten Team verursacht oder haben sich im Laufe der Zeit beim Team fehlerhafte Verhaltensweisen eingeschlichen (z. B. Missachtung von Hygienevorschriften oder Unfallverhütungsvorschriften), ist eine Korrektur durch die Führungskraft unumgänglich. Allerdings sollte sie vorsichtig vorgehen. Schnell könnten sich bei einer kollektiven Kritik die Teammitglieder solidarisieren und im Vorgesetzten den gemeinsam zu bekämpfenden Feind erkennen:

- „Was will der von uns?"
- „Soll er sich doch an die eigene Nase fassen."
- „Der kann uns mal ..."
- „Er soll froh sein, dass wir ihn nicht auflaufen lassen."

Damit würde der Vorgesetzte in eine ungewollte Isolation geraten. Auch würde die Leistungsbereitschaft derjenigen Teammitglieder gedämpft, die zur kollektiven Kritik keinen Anlass gegeben haben. Und schließlich kann die Wirkung einer Korrektur verpuffen, wenn sich niemand angesprochen fühlt.

Zwingt die Situation jedoch zu einer Korrektur an der gesamten Arbeitsgruppe, sollten Sie ein besonderes Fingerspitzengefühl walten lassen. Prüfen Sie zunächst sorgfältig, ob alle Teamangehörigen am Fehler beteiligt sind. Trifft dies nicht zu, entfällt die Aussprache mit dem Team. Sollten aber berechtigterweise alle Mitarbeiter betroffen sein, beziehen Sie sich als Vorgesetzter in die Gruppe mit ein:

- „**Wir** haben im letzten Monat in drei Fällen ..."
- „Aus diesem Vorfall müssen **wir** die Konsequenzen ziehen ..."
- „Wie können **wir** künftig vermeiden ..."

4. Bin ich bereit, die häufigsten Fehler im Korrekturgespräch zu vermeiden?

Korrekturfehler (vgl. Seiten 118 bis 121) haben bei Ihnen keine Chance. Sie laufen auch nicht Gefahr, möglichen negativen Stimmungen nachzugeben und durch Ihr missmutiges und launisches Verhalten bei Ihrem Mitarbeiter eigene Frustrationen abzuladen. Beherzigen Sie die Empfehlung des englischen Staatsmanns und Philosophen Francis Bacon (1909–1992):

> Wer den Ärger eines Augenblicks unterdrücken kann,
> erspart sich vielleicht einen Tag des Bedauerns.

5. Kann ich den Gesprächstermin bestimmen?

Der Einwand, Führungskräfte stünden unter ständigem Zeitdruck und könnten nicht auch noch Zeit für Korrekturgespräche erübrigen, ist nicht akzeptabel. Für dieses Gespräch investierte Zeit zahlt sich aus, weil mit einem fundierten und konstruktiven Gespräch letztlich Zeit, Ärger und Verdruss gespart werden.

Für ein ernsthaftes Gespräch sollten beide Gesprächsteilnehmer nicht unter Zeitdruck stehen. Vermeiden Sie, das Gespräch kurz vor der Mittagspause oder wenige Minuten vor dem Feierabend zu beginnen. Mit besonderer Aufgeschlossenheit können Sie hier ebenso wenig rechnen, wie wenn Sie den Mitarbeiter aus einer wichtigen oder eiligen Aufgabe reißen. Macht Zeitmangel den Erfolg eines Korrekturgesprächs fraglich, bietet sich das Verschieben auf einen günstigeren, aber zeitnahen Termin an.

Eine Warnung: Ist ein Fehler für Sie besonders ärgerlich, sollten Sie sich vor einer impulsiven, unbeherrschten Reaktion in Acht nehmen. Mancher Führungskraft wird das eigene fehlerhafte Verhalten erst dann bewusst, wenn sie Dampf abgelassen hat und das innere Gleichgewicht wieder stabilisiert ist. Sollte es passiert sein, verbessern Sie Ihr Ansehen vor dem gemaßregelten Mitarbeiter sicherlich nicht, auch wenn Sie mit Formulierungen zurückrudern wie:

- „Mit mir sind die Pferde durchgegangen, nehmen Sie das bitte nicht so tragisch."
- „Ich konnte mich einfach nicht mehr beherrschen."
- „Wer kann sich denn so etwas bieten lassen, ohne aus der Haut zu fahren? Es tut mir leid ..."

Bevor Sie „blind vor Wut" agieren, kühlen Sie sich erst einmal ab. Hier sei an die Soldatenregel erinnert, nicht dem ersten Impuls nachzugeben, sondern den Fehler zunächst eine Nacht zu überschlafen. Zumeist sehen die Dinge am nächsten Morgen sehr viel harmloser aus.

6. Kann ich den Gesprächsort bestimmen?

Vermeiden Sie ein improvisiertes Gespräch zwischen Tür und Angel, das möglicherweise auch noch von Dritten verfolgt werden kann. Die äußeren Bedingungen müssen ein ruhiges und ungestörtes Gespräch zulassen.

Ohne Zweifel wird die Situation unnötig durch eine Sitzordnung erschwert, die ein Über- und Untergeordnetenverhältnis signalisiert. Bestehende Machtverhältnisse sind erkennbar, wenn der Vorgesetzte mit dem Licht im Rücken hinter seinem Schreibtisch thront, während ihm gegenüber der Mitarbeiter im grellen Sonnenlicht auf einem unbequemen und wackeligen Stuhl um das Gleichgewicht ringt. Besser ist ein runder Tisch (an ihm gibt es weder ein „oben" noch ein „unten"), unter dem beide Gesprächspartner ihre Beine ausstrecken können.

7. Bin ich gut vorbereitet?

Sind Sie gut gerüstet, führen Sie das Gespräch souverän und lassen sich auch bei Widerworten nicht aus dem inneren Gleichgewicht bringen.

Sicherlich sind Sie an konstruktiven Beiträgen Ihres Mitarbeiters interessiert. Allerdings wird er diese eher selten locker aus dem Handgelenk schütteln können. Auch ihm sollte etwas Zeit gegeben werden, sich auf das Gespräch vorzubereiten.

Für ihren Aufgabenbereich besitzen Mitarbeiter vielseitige Fachkenntnisse. Je länger sie dem Unternehmen angehören, desto umfangreicher ist das zusätzlich erworbene Insiderwissen. Mit diesem Know-how verfügen Mitarbeiter über beste Voraussetzungen, um für eine Fehleranalyse interessante und aussagekräftige Informationen beisteuern zu können, insbesondere bei systembedingten Fehlerquellen.

Eventuell erleichtern Sie Ihrem Mitarbeiter eine gezielte Gesprächsvorbereitung bei Fehlern mit erheblicher Tragweite, indem Sie ihm den Fragebogen „Fehleranalyse" (vgl. Seite 122) aushändigen.

8. War die Zielvereinbarung realistisch?

Denkbar ist, dass die ursprüngliche Zielvereinbarung für den Mitarbeiter unrealistisch hoch angesetzt war und deshalb keine zufriedenstellenden Ergebnisse verzeichnet werden konnten. Trifft dies zu, müssen gemeinsam neue, erreichbare Ziele festgelegt werden (Analyse von Zielvereinbarungen – vgl. Seite 30).

9. Treten schwerwiegende Folgen auf, wenn ich das Gespräch nicht führe?

Prüfen Sie noch einmal, ob das von Ihnen beabsichtigte Gespräch auch wirklich nötig ist. Kritische Worte stellen trotz aller Ratschläge in diesem Buch eine scharfe Waffe dar, die bei zu häufigem Einsatz stumpf wird und ihre Wirkung verliert.

Erst wenn Sie alle in der Checkliste aufgeführten Fragen ruhigen Gewissens mit „Ja“ beantwortet haben, schreiten Sie zur Tat, wobei Ihnen stets vier Gebote vor Augen stehen sollten:

Beurteilen statt verurteilen!
Kooperieren statt konfrontieren!
Reparieren statt demontieren!
Aufbauen statt zerstören!

KORREKTURFEHLER

In den Betrieben lassen sich immer wieder destruktive Verhaltensweisen von Führungskräften beobachten, die für das gegenwärtige soziale Arbeitsklima unzeitgemäß sind:

Autoritäres Verhalten
Die „herumschnauzende“ Führungskraft will den Mitarbeiter durch harsche Kritik zum Kuschen bringen. Es geht ihr nicht um partnerschaftliches Zusammenwirken, sondern darum, dem Mitarbeiter ihren Willen aufzuzwingen.

Ausnahme: Begeht ein Mitarbeiter erneut Fehler, die bereits in einem vorangegangenen Korrekturgespräch aufbauend und konstruktiv besprochen wurden, muss überlegt werden, ob der Mitarbeiter bewusst „abgekanzelt“

werden sollte. Es gibt Menschen, die den Ernst der Situation erst nach einer deutlichen „Predigt“ erkennen, bevor sie Änderungen vornehmen.

Angriff auf die Person

Kritik sollte stets gegen eine bestimmte Handlung und nicht gegen die Person des Mitarbeiters gerichtet sein. Persönliche Angriffe, Anspielungen auf Charaktereigenschaften oder Lebensumstände des Mitarbeiters haben zu unterbleiben.

Verallgemeinerungen

Verallgemeinerungen (immer, nie, ständig, alles) schießen zumeist über das Ziel hinaus und berühren kaum den Kern der Sache. In den seltensten Fällen treffen sie in dieser Ausschließlichkeit zu. Mitarbeiter empfinden derartige Formulierungen als ungerechtfertigt und unzutreffend.

Gegenwart Dritter

Manche Führungskraft glaubt an die Wirkung der Abschreckung und übt deshalb absichtlich Kritik in Gegenwart anderer Personen. Der Mitarbeiter fühlt sich bloßgestellt und wird umso weniger bereit sein, den berechtigten Kern einer Kritik anzuerkennen.

Ironie/Sarkasmus

Ironische/sarkastische Kommentare schmerzen und hinterlassen seelische Wunden. Neben der Ironie stellt der Sarkasmus eine sehr aggressive Verhaltensweise dar. Vorhandene positive zwischenmenschliche Beziehungen werden nachhaltig vergiftet.

Aussprache per Telefon

Gegendarstellungen des Mitarbeiters können durch Monologe der Führungskraft oder durch Auflegen unterbrochen werden. Der Vorgesetzte kann nicht erkennen, wie seine Worte ankommen, wie sie unmittelbar aufgenommen werden, ob er nicht gar ins Leere spricht. Wer allein auf Akustik ausweicht, ist schlecht beraten, denn ohne entsprechende Optik ist in schwierigen Situationen ein besonnener Informationsaustausch kaum denkbar.

Schriftliche Kritik

Bei der schriftlichen Kritik muss die Führungskraft ihrem Mitarbeiter nicht in die Augen sehen, sondern hält ihn auf Distanz. Sie muss sich nicht auf ein Gespräch einlassen, in welchem sich vielleicht herausstellen könnte, dass den Mitarbeiter keine Schuld trifft. Mit der schriftlichen Kritik wird die Kommunikation auf einen Kanal reduziert, der wegen der fehlenden Rückkopplung sogar Missdeutungen zulässt. Gleiches gilt für Kritik per E-Mail.

Stillschweigende Kritik
Mancher Führungskraft fällt es schwer, sich mündlich treffend zu äußern, oder es fehlt ihr der Mut, den Mitarbeiter anzusprechen. Dafür äußert sie ihre Missbilligung durch schweigende Missachtung nach dem Motto: „Der Meier hat mich sehr enttäuscht, deshalb will ich ihn vorläufig nicht mehr sehen. Bis dieser Ärger verraucht ist, behandle ich ihn wie Luft." Damit ruft sie bei Meier, der sich sein Gehirn zermartert, womit er wohl die Nichtbeachtung bewirkt hat, ein ständiges Gefühl von Verunsicherung hervor. Vor allem trägt die im Schmollwinkel verharrende Führungskraft zu keiner Veränderung eines Fehlverhaltens bei. Das fehlerhafte Verhalten wurde nicht offen angesprochen, sondern blieb im Dunkeln. Wird der „Missetäter" später wieder in Gnaden aufgenommen, besteht die Gefahr der Wiederholung des Fehlers.

Einschaltung Dritter
Einer Führungskraft sollte bekannt sein, dass mündliche Informationen nie genau so weitergeleitet werden, wie sie empfangen wurden. Jede menschliche Zwischenstation wirkt als Filter. Informationen werden je nach Aufnahmefähigkeit und Interessenlage des Übermittlers verfälscht.

Abwesender Mitarbeiter
Der Abwesende kann sich nicht zur Wehr setzen. Auch fallen die kritischen Bemerkungen hier häufig unangemessen scharf aus, braucht sich die Führungskraft doch keinen Zwang einer halbwegs kultivierten Ansprache aufzuerlegen. Allerdings wird der Mitarbeiter nach seiner Rückkehr in aller Regel von den Kollegen informiert. Während wohlwollende Kollegen mitfühlend berichten, nennen andere schadenfroh die besonders schmerzenden Aussagen.

Bekanntgabe von Sündenregistern
Warten Sie mit Beanstandungen nicht bis zu dem Tag, an dem „es sich lohnt". Werden Sie aktiv, sobald die Arbeit fertig ist, nicht vorher und auch

nicht zu lange danach: Der Mitarbeiter lernt aus seinen Fehlern am meisten, wenn der Zusammenhang zwischen der geleisteten Arbeit und der kritischen Würdigung noch frisch in seinem Gedächtnis ist.

Wiederholungen zu gleichem Anlass
Ist ein Thema Gegenstand eines Korrekturgesprächs geworden, muss die Führungskraft einen Schlussstrich ziehen. Ruft sie verjährte Fehler, die schon vergessen sind, immer wieder in Erinnerung („Wissen Sie noch, wie Sie damals im Fall ...“), stochert sie ohne jedes Feingefühl in alten, verheilten Wunden herum. Ausnahme: Ist in den Leistungen oder dem Verhalten des Mitarbeiters trotz mehrfacher Korrekturen nicht die erhoffte Änderung eingetreten, muss die Führungskraft tätig werden.

Vor Abwesenheit
Manche Führungskräfte geben ihren Mitarbeitern kritische Worte mit, wenn sie diese für einige Zeit nicht zu Gesicht bekommen. Dabei verkennt die Führungskraft, dass betriebliche Querelen nicht behoben werden, sondern die spätere Zusammenarbeit durch zwischenzeitlich aufgebaute Ressentiments und Hassgefühle erschwert wird.

Bei Unwesentlichem
Kritisiert die Führungskraft ihre Mitarbeiter möglichst oft, wird sie nach einiger Zeit nicht mehr ernst genommen. Beim Mitarbeiter muss der Verdacht aufkommen, es gehe seinem Vorgesetzten nicht um das Ausmerzen schadenstiftender Fehler und nicht gewünschter Verhaltensweisen, sondern um den Beweis, wie unzulänglich er ist.

Allgemeine Anweisung
Statt einen Mitarbeiter in einem Gespräch wegen eines bestimmten Vorgangs anzusprechen, wird der Vorfall zum Anlass genommen, eine allgemeine Anweisung in schriftlicher (z. B. Hausverfügungen) oder mündlicher Form allen Mitarbeitern zu eröffnen.

Achtung: Kultivieren Sie diese Fehler, werden Ihnen über kurz oder lang Ihre Mitarbeiter die Gefolgschaft aufkündigen und Ihr eigener Vorgesetzter Ihnen seine Anerkennung versagen.

FEHLERANALYSE

Bitte beantworten Sie folgende Fragen. Damit helfen Sie, Fehlerursachen zu ermitteln und Maßnahmen zur Fehlervermeidung zu entwickeln:

- Wo begann die Handlungskette, die schließlich zu dem Fehler führte?
- Was unternahmen Sie, um die Auswirkungen des Fehlers zu verringern/ zu beseitigen?
- Haben Sie diesen Fehler schon früher einmal gemacht? Was wurde daraufhin getan?
- Waren aufgrund der Organisationsstruktur weitere Mitarbeiter in die Handlungskette eingebunden, die schließlich zu dem Fehler führte?
- Wissen Sie, wem dieser Fehler auch schon unterlaufen ist? Was wurde daraufhin getan?
- Was war/waren der Grund/die Gründe, dass dieser Fehler öfter auftrat?
- Müssen wir damit rechnen, dass dieser Fehler künftig auch weiteren Betriebsangehörigen unterlaufen wird?
- Ist mit jetzt noch nicht absehbaren Folgen dieses Fehlers zu rechnen?
- Ganz ehrlich: Besteht die Gefahr, dass Sie diesen Fehler oder einen ähnlichen Fehler erneut machen?
- Wodurch kann vermieden werden, dass der Fehler in Zukunft erneut auftritt? An welche vorbeugenden Maßnahmen denken Sie?
- Lässt sich der Fehler durch organisatorische Veränderungen oder das Ausschalten von Störquellen beseitigen?
- Mit welchen Kontrollen ließe es sich erreichen, Maßnahmen zur Fehlervermeidung unverzüglich umzusetzen, damit sie schnellstmöglich greifen?
- Trat dieser oder ein ähnlicher Fehler nach Ihrem Wissen bereits woanders auf? Wenn ja, wann, wo und in welchem Umfang? Können damalige Erfahrungen komplett oder teilweise auf unsere heutige Situation übertragen werden?

Phasen eines Korrekturgesprächs

Führen Sie ein Korrekturgespräch systematisch nach einem „geistigen Fahrplan“, so erhöhen sich die Erfolgsaussichten erheblich. Orientieren Sie sich künftig an einem praxisbewährten sechsstufigen Gesprächsmodell:

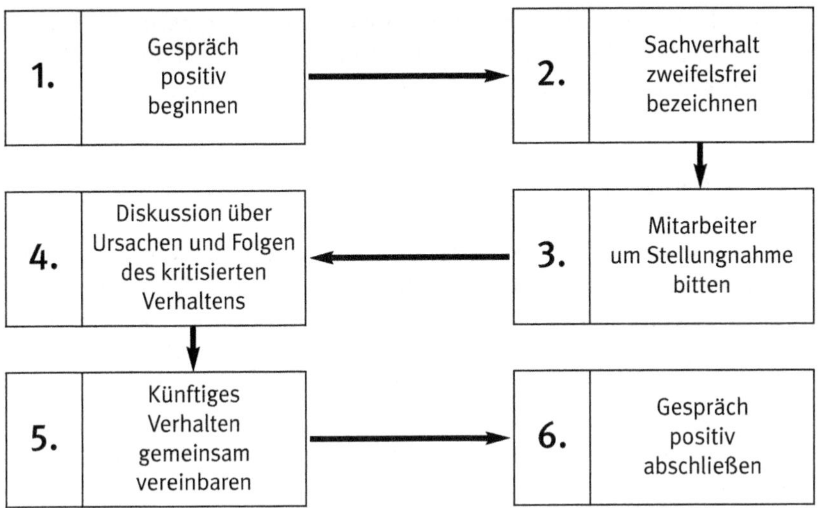

Phase 1: Gespräch positiv beginnen

Soll ein Gespräch ein konstruktives Ergebnis bringen, muss auch die Gesprächsatmosphäre positiv sein. Erhält der Mitarbeiter aber den Eindruck, er sei Mittelpunkt eines Tribunals, wird er von Beginn an auf Verteidigung sinnen und für ein sachliches und entkrampftes Gespräch nicht zur Verfügung stehen. Besser ist es, mit einem gesprächsfördernden Kontakt zum Mitarbeiter ein emotional ansprechendes Angebot zu machen. Das Miteinander-warm-werden steht im Vordergrund, eine Vertrauensbasis soll geschaffen oder gestärkt werden. Es gilt der Grundsatz:

Wie man startet, so liegt man im Rennen!

Einen optimalen Gesprächsbeginn stimmen Sie mit dem erforderlichen Einfühlungsvermögen sorgfältig auf die Person des Mitarbeiters ab. Fragen Sie sich, mit welchen Sympathie erzeugenden Aussagen anfänglich vielleicht vorhandenes Eis gebrochen werden kann. Mit Sicherheit lässt sich zum allgemeinen Verhalten oder zu der Gesamtleistung des Mitarbeiters auch etwas Positives sagen. Übertreiben Sie aber nicht. Starten Sie mit Lobeshymnen, um später zu kritischen Äußerungen überzuleiten, irritieren Sie den Mitarbeiter.

Der Mitarbeiter weiß nach dem positiven Gesprächsbeginn, dass er von seinem Vorgesetzten geschätzt wird. Erst dann ist er bereit, sich für das folgende Kerngespräch zu öffnen. Also bitte nicht vergessen: Wie man sät, so erntet man!

Phase 2: Sachverhalt zweifelsfrei bezeichnen

Erst die sorgfältige Analyse des Geschehenen ergibt eine verlässliche Ausgangsbasis und lässt Sie erkennen, ob von der Sache her ein Korrekturgespräch erforderlich ist. In dieser Phase wollen Sie abschätzen, ob dem Mitarbeiter die Tragweite des Fehlers bekannt ist. Während der Mitarbeiter häufig nicht das Ganze sieht und ihm nur Fakten aus seinem direkten Umfeld zur Verfügung stehen, haben Sie den größeren Überblick und kennen die Zusammenhänge besser. Deshalb sprechen Sie klar und unmissverständlich den kritikwürdigen Fehler an und erklären die Gründe, warum es so wichtig ist, dass es in Zukunft anders läuft. So versteht der Mitarbeiter, weshalb er sein Verhalten ändern soll.

Vermeiden Sie Pauschalformulierungen, Verallgemeinerungen, vage Behauptungen und allgemeine Floskeln:

- „Mir ist zu Ohren gekommen, dass es mit ihrer Leistungsfähigkeit nicht weit her ist."
- „Ich habe das Gefühl, dass Ihre Leistungen in letzter Zeit nachgelassen haben."

Statt um den heißen Brei herumzureden, müssen Sie sich schon bemühen, den festgestellten Sachverhalt genau und konkret zu bezeichnen:

- „In den vergangenen vier Wochen sind drei Reklamationen wegen zu später Auftragserledigung eingegangen und zwar von …"
- „Die zum 16. fällige Lieferung ist nicht zeitgerecht aufgegeben worden."

Arbeiten Sie nicht mit Vermutungen, Vorhaltungen und Anklagen, für die Sie keine Beweise haben. Welchen Eindruck erwecken Sie wohl bei Ihrem Mitarbeiter, wenn Sie, nach konkreten Hinweisen befragt, gestehen müssen, nichts Genaues zu wissen?

Hüten Sie sich auch, Anschuldigungen und Behauptungen von Dritten als erwiesene Tatsachen anzusehen. Von anderen Personen Übernommenes darf

Ihnen für ein seriöses Gespräch nicht genügen, denn oft werden Situationen einseitig, unvollständig und manchmal sogar bewusst verfälscht dargestellt. Nicht selten stößt man bei der Klärung des Sachverhalts auf Umstände, die das Ganze in einem völlig anderen Licht erscheinen lassen. Also: Sie müssen Ihre Quellen guten Gewissens als verlässlich einordnen können.

**Ihr Ziel: Sachliche Beschreibung von Fakten,
keine Wertungen und Anklagen, kein Moralisieren!**

Sie bemühen sich um eine eindeutig bezeichnete und daher von beiden Seiten erkannte Ausgangslage. Auf dieser Basis wird anschließend nicht mehr aneinander vorbeigeredet: Der Vorgesetzte konnte wertfrei – das heißt ohne Schuldzuweisungen – den Sachverhalt schildern, wie er ihn nach seiner Analyse sah, und der Mitarbeiter weiß nun genau, auf welchen Inhalt das Gespräch begrenzt ist.

Phase 3: Mitarbeiter um Stellungnahme bitten

Vergleichen wir das Gespräch einen Moment mit einer Gerichtsverhandlung: Die Rollen des Richters und Klägers übernimmt die Führungskraft, „Beklagter" ist der Mitarbeiter. Würde dem Beklagten keine Möglichkeit der Stellungnahme zu der Anklage gewährt werden und könnte er den Vorgang nicht aus eigener Sichtweise kundtun, wäre die Verhandlung eine Farce.

Es ist ein zwingendes Gebot der Fairness, dem Mitarbeiter das Recht auf Äußerung zum Sachverhalt zuzugestehen. Dabei bemühen wir uns, die Informationen aus dem Mund des Mitarbeiters ohne vorgefasste Meinungen oder Vorurteile jeglicher Art aufzunehmen – so wie wir von einem Richter eine vorurteilsfreie Haltung sowie die unvoreingenommene Entgegennahme vorgelegter Beweise erwarten.

Die Darstellung der Sichtweise des Mitarbeiters ist für uns unverzichtbar, denn er steht der zu besprechenden Sache regelmäßig am nächsten. Vielleicht lässt die Stellungnahme erkennen, dass dem Mitarbeiter kein kritikfähiges Verhalten anzulasten ist, weil zum Beispiel

- einer anderen Person der Fehler zuzuschreiben ist,
- Zuständigkeitsregelungen unklar waren,
- Anweisungen unterschiedliche Interpretationen zuließen oder
- notwendige Informationen nicht rechtzeitig zur Verfügung standen.

Hier können Sie Ihrem Mitarbeiter erkannte Missstände nicht „in die Schuhe schieben", sondern haben stattdessen für Fehlerbegrenzung und künftige -vermeidung zu sorgen.

Geben Sie Ihrem Mitarbeiter Zeit, sich ausführlich zu äußern. Nicht alle Menschen verfügen über die Gabe, sich kurz, präzise und klar auszudrücken. Keinesfalls sollten Sie den Mitarbeiter unterbrechen, selbst wenn dieser manchmal etwas abschweift. Notfalls können Sie mit geschickt eingeblendeten Fragen immer wieder auf den Kern der Sache zurückkommen:

- „Erzählen Sie mir bitte zuerst, was alles geklappt hat – und nicht, was nicht."
- „Was, glauben Sie, können wir als Ursachen für den Fehler betrachten?"
- „Was würden Sie künftig anders machen?"
- „Erklären Sie mir bitte nicht, was der Kollege X dazu meint. Mich interessiert jetzt Ihre Meinung. Und die wäre?"
- „Lassen Sie uns diesen Punkt aus einer völlig anderen Perspektive beleuchten. Wie würden Sie es sehen, wenn …?"
- „Im Fall … haben wir gelernt, wie es falsch laufen kann. Wie stehen Sie zu der Alternative …?"
- „Ich habe verstanden, wie Ihr Verstand zu diesem Fall steht. Was aber sagt Ihnen Ihr Bauchgefühl dazu?"

Seien Sie auch offen, Ihnen bisher nicht bekannte Informationen zur Kenntnis zu nehmen. Andernfalls laufen Sie Gefahr, Ihr Gesicht zu verlieren, wenn Sie trotz neuer Erkenntnisse auf einer früheren Meinung beharren. Stattdessen sollten Sie als Führungskraft den Mut zu einer formellen Entschuldigung aufbringen, wenn Sie erkennen müssen, dass Sie in der Situationsbeschreibung einem Irrtum aufgesessen sind.

Räumen Sie dem Mitarbeiter im Bedarfsfall die Möglichkeit einer Gesprächsunterbrechung ein, wenn er für seine Stellungnahme noch einmal Unterlagen einsehen will, die ihm im Moment nicht vorliegen. Scheuen auch Sie sich nicht, das Gespräch zu einem späteren Zeitpunkt fortzusetzen, wenn der Mitarbeiter neue Gesichtspunkte vorträgt, mit denen Sie sich erst einmal beschäftigen müssen.

In dieser Phase greift der Mitarbeiter möglicherweise zu Entschuldigungen, die Ihnen wie Ausflüchte, Notlügen oder Beschönigungen vorkommen. Begegnen Sie diesen Verteidigungsversuchen nicht mit moralischen Vorwürfen. Die Gesprächsatmosphäre verschlechtert sich zwangsläufig, wenn Sie den Mitarbeiter der Unwahrheit bezichtigen oder ihn als Lügner entlarven.

Ich handelte aus folgenden Überlegungen ... = Rechtfertigung	Lügen Sie doch nicht! Immer diese faulen Ausreden. = Vorwürfe

Betrachten Sie Ausflüchte, Notlügen und Beschönigungen als natürliche Reaktionen des Mitarbeiters. Wer gibt schon gern eigenes Fehlverhalten zu? Statt aus Ihrer Sicht berechtigte Vorwürfe zu erheben, die nur unnötig das Vertrauensverhältnis gefährden würden, stellen Sie bei Unstimmigkeiten oder erkannten Unwahrheiten sachliche Fragen nach Einzelheiten:

Ich handelte aus folgenden Überlegungen ... = Rechtfertigung	Das ist mir neu. Woher haben Sie erfahren ...? = sachliche Analyse

Geht das Gespräch dennoch in eine unerwünschte Richtung oder ist für Sie die Situation kaum mehr zu ertragen (z. B. heftige Emotionen wie Tränenausbrüche oder drohende Aggressionen), brechen Sie das Gespräch ab und setzen es später fort, wenn die Beteiligten ihr seelisches Gleichgewicht wiedergefunden haben:

- „Lassen Sie uns das Gespräch fortsetzen, wenn sich die Wogen geglättet haben. Ich spreche Sie wieder an ..."
- „Angesichts der momentanen Lautstärke beenden wir jetzt unser Gespräch. Sie hören wieder von mir."

Indem Sie sich so Zeit verschaffen und die Fortsetzung auf einen zeitnahen Termin verschieben, besteht die Chance, Ihr weiteres Vorgehen in Ruhe zu überdenken und später das Gespräch aus einem überlegenen Blickwinkel gut präpariert fortzusetzen.

Erst wenn mit klaren Fakten ein gesicherter Tatbestand zu erkennen ist, wird auf dieser Grundlage das Gespräch zur nächsten Phase übergeleitet.

Phase 4: Diskussion über Ursachen und Folgen des korrekturbedürftigen Punkts

Hier kommt es darauf an, den Mitarbeiter zum Mitdenker zu machen und gleichberechtigt und gemeinsam Ursachen und Folgen eines Fehlers zu erörtern. Häufig lassen sich Fehler nur dann korrigieren, wenn die Ursachen bekannt sind. Wissen wir, weshalb etwas falsch gelaufen ist, werden wir eher Möglichkeiten finden, für die Zukunft eine Besserung zu erzielen: So werden Unzulänglichkeiten im organisatorischen Bereich neuen Erfordernissen angepasst, vorhandene Wissenslücken beim Mitarbeiter durch verstärkte Schulung oder gezielte Information und eine unzureichende Arbeitsausführung vorrangig durch Training bzw. Schulung korrigiert.

Es ist also durchaus in Ordnung, nach den Ursachen von Fehlern zu forschen, denn der Zweck des Nachhakens liegt in der Ausmerzung der Fehlerquelle, nicht in der Verurteilung des Mitarbeiters. Völlig verfehlt wäre es allerdings, Klagelieder über Vergangenes anzustimmen.

In diesem Gesprächsteil soll der Mitarbeiter nach einer ruhig und sachlich geführten Diskussion erkennen können, dass und aus welchem Grund seine Handlungsweise falsch war. Fehler werden nun von beiden Gesprächsteilnehmern in gleicher Weise beurteilt, sodass Korrekturmaßnahmen erfolgen können.

Phase 5: Künftiges Verhalten gemeinsam vereinbaren

Verhaltensänderungen beruhen immer auf Lernprozessen. Möglicherweise soll der Mitarbeiter während einer längeren Zeitspanne entstandene Gewohnheiten ablegen, anpassen oder durch neue ersetzen. Das bedeutet stets ein Umlernen. Umlernen erfordert mehr Energie als erstmaliges Lernen. Höchst fraglich ist, ob der Mitarbeiter zu diesem erforderlichen Kraftaufwand bereit ist, wenn Sie ihm eine neue Regelung ohne seine Beteiligung „aufs Auge drücken", die er „der Not gehorchend und nicht dem eigenen Triebe " praktizieren soll. Wohl kaum!

Als weit günstiger erweist es sich, mit dem Mitarbeiter partnerschaftlich zu besprechen, wie in Zukunft vorgegangen werden soll, statt es ihm zu diktieren:

„Über den aufgetretenen Fehler sind wir alle nicht glücklich. Doch nun lassen Sie uns sehen, wie wir das verbessern oder aus der Welt schaffen und was wir für die Zukunft daraus lernen können."

Dieser Blick in die Zukunft ist bedeutsamer, als weiter über früher Geschehenes zu jammern. Denn der Mitarbeiter hört nur ungern Vorwürfe seines Vorgesetzten.

Jetzt steht der Umgang mit dem diskutierten Fehler im Vordergrund, der möglichst auch ähnliche zu erwartende Fehler einschließen sollte. Agieren

Sie keinesfalls als Alleinunterhalter, der nur eigene Vorstellungen vorträgt, den Mitarbeiter zur Untätigkeit verdammt und schließlich das aus seiner Sicht optimale Ergebnis festlegt. Streben Sie besser eine aktive Beteiligung des Mitarbeiters an, indem dieser eigene Zielvorstellungen entwickelt. Fragen Sie beispielsweise:

- „Was sollte künftig anders gemacht werden?"
- „Was können wir tun, um den entstandenen Schaden zu verringern oder zu beheben?"
- „Wie lassen sich die Konsequenzen reduzieren?"
- „Welche Informationen oder Ressourcen werden zusätzlich benötigt?"
- „Worauf kann künftig verzichtet werden?"
- „Wie lässt sich der Kunde wohl besänftigen?"

Ermutigen Sie den Mitarbeiter, auch einmal links und rechts eingetretener Pfade zu schauen und nicht nur die naheliegenden 08/15-Vorschläge zu nennen. Wird nur in eingefahrenen Gleisen operiert, gestaltet sich eine optimale Problemlösung schwierig.

Wer als Werkzeug nur einen Hammer hat, sieht in jedem Problem nur einen Nagel.
ABRAHAM MASLOW, US-AMERIKANISCHER PSYCHOLOGE (1908–1970)

Speziell bei komplexen und neuartigen Sachverhalten ist zunächst das Sammeln von Lösungsansätzen zu empfehlen, ohne diese sogleich mit kritischen Kommentaren „abzuschmettern". Erst nach einer intensiven Sammelphase werden zusammengetragene Vorschläge ergänzt, geordnet und anschließend bewertet mit dem Ziel, die beste realisierbare Lösung zu finden. Stehen mehrere Überlegungen zur Fehlervermeidung und -beseitigung zur Auswahl, stellen Sie sich zur Bewertung der einzelnen Vorschläge folgende Fragen:

- **Muss** der Vorschlag realisiert werden?
- **Soll** der Vorschlag realisiert werden?
- **Kann** der Vorschlag realisiert werden?
- **Darf** der Vorschlag realisiert werden?

Je mehr richtige Wege, Mittel und Maßnahmen der Mitarbeiter vorschlägt, desto stärker wird er eine seine eigenen Gedanken beinhaltende Lösung akzeptieren, sich mit ihr identifizieren und sie dann auch in die Tat umsetzen.

Ergebnisse, die der Mitarbeiter mit festlegen konnte, bündeln seine Energien für konkrete Handlungen. Trotz anfänglicher Schranken und Hemmnisse wird er mit größerem Eifer eher versuchen, dieses gemeinsam entwickelte Ziel zu erreichen, als eines, das ihm aufgezwungen wurde.

Wir wissen, dass ein erzieltes Ergebnis immer nur so gut ist, wie es in die Praxis umgesetzt wird.

> Eine Idee muss Wirklichkeit werden können, oder sie ist eine eitle Seifenblase.
>
> BERTHOLD AUERBACH, DEUTSCHER SCHRIFTSTELLER (1812–1882)

Die vereinbarten realistischen Verbesserungsvorschläge bezeichnen Sie unmissverständlich auf eine ruhige, klare und nicht verletzende Weise. Mit der zweifelsfreien Definition des künftigen Vorgehens richten Sie die Aufmerksamkeit des Mitarbeiters auf das anzuvisierende Ziel. Jetzt sind ihm die Fakten bekannt, die ihm helfen werden, ins Schwarze zu treffen.

Auf keinen Fall sollte das Gespräch enden mit Floskeln wie:

- „Schaun mer mal, dann sehn mer scho!“
- „Haben Sie mich verstanden?“
- „Habe ich mich klar genug ausgedrückt?“
- „Sie wissen jetzt, was mir nicht gefällt. Sehen Sie also zu, dass dies künftig besser klappt.“

Statt schwammiger Allgemeinplätze und nichtssagender Andeutungen formulieren Sie konkret und eindeutig das Gesprächsergebnis:

- „Wir sind uns einig, reklamierende Kunden sehr korrekt und einfühlsam zu behandeln. Künftig beachten Sie bitte die von uns aufgestellten sechs Merkpunkte.“
- „Künftig lassen Sie die erfassten Aufträge zusätzlich von Herrn X checken. Dann gehören die bisherigen Eingabefehler der Vergangenheit an.“

Verkneifen Sie sich das Herumreiten auf Nebensächlichkeiten, die eine Ergebnisverbesserung unnötig erschweren würden. Stellen Sie auch keinen Kollegen des Mitarbeiters als leuchtendes Vorbild dar, an dem sich der Kritisierte nun zu orientieren habe.

Äußert der Mitarbeiter Einwände oder Widerstände gegen das genau bezeichnete Gesprächsergebnis, bleiben Sie ruhig. Besprechen Sie die strittigen

Punkte offen und partnerschaftlich. Manchmal lässt sich eine Belehrung nicht vermeiden. Diese wird eher angenommen, wenn Sie Hinweise auf eigene Fehler oder Erfahrungen in ähnlichen Situationen zufügen, statt die eigene – stets unglaubwürdige – Unfehlbarkeit herauszustreichen.

Ihre konkreten und eindeutigen Aussagen zu dem künftigen Verhalten müssen dem Mitarbeiter auch helfen, sich an die neue Vereinbarung zu halten. Obwohl Sie nicht daran zweifeln, dass der Mitarbeiter dazu bereit ist, bisherige Fehler abzustellen und dafür das Vereinbarte zu berücksichtigen, werden Sie dennoch mit ihm ganz offen verstärkte Kontrollen vereinbaren. Damit weiß er, dass Sie die Sache ernst meinen und sie Ihnen wichtig ist.

Künftige Kontrollen dienen der Hilfestellung für den Mitarbeiter, erleichtern das Erreichen des Vereinbarten und geben dem Vorgesetzten auch die Möglichkeit, bei einer Verbesserung Anerkennung auszusprechen. Legen Sie Ihrem Mitarbeiter ruhig dar, dass Sie mit diesem Gespräch die Hoffnung auf seine künftigen Erfolge verbinden und dass Sie Kontrollen als notwendige, sinnvolle und hilfreiche Instrumente betrachten, die bei erkennbaren Leistungs- und Verhaltensverbesserungen positive Rückmeldungen auslösen.

Spätestens hier hakt manche Führungskraft ein: „Ich halte nichts davon, auf beabsichtigte Kontrollen aufmerksam zu machen. Weise ich darauf hin, wird sich der Mitarbeiter am Riemen reißen und keine Fehler machen." Wäre das so schlimm? Wir beabsichtigen doch das künftige Vermeiden von Fehlern!

Phase 6: Gespräch positiv abschließen

Während für den Gesprächsbeginn häufig die Aussage „Der erste Eindruck ist entscheidend" zutrifft, beherzigen Sie für den Gesprächsschluss den Hinweis: „Der letzte Eindruck bleibt." Und dieser letzte Eindruck darf nicht so negativ sein, dass der Mitarbeiter innerlich kündigt. Einem etwas holprig verlaufenen Sachgespräch kann mit einer positiven Geste der Versöhnung noch eine Wende zu weiterhin guter Zusammenarbeit gegeben werden. Was sagte Goethe dazu?

> Aufmunterung nach dem Tadel ist Sonne nach dem Regen – fruchtbares Gedeihen.

Betonen Sie Ihrem Mitarbeiter gegenüber ausdrücklich, dass Sie keine Zweifel an seinen guten Absichten und seinen Fähigkeiten hegen, im Sinne des Vereinbarten zu arbeiten:

- „Ich zweifle nicht daran, dass Sie …"
- „Wenn Sie wie jetzt besprochen vorgehen, werden Sie ähnliche Situationen künftig gut meistern …"
- „Ich bin fest davon überzeugt, dass Sie unter den neuen Vorzeichen bestens …"

Achten Sie darauf, dass dem Korrekturgespräch kein „bitterer Nachgeschmack" anhaftet. Nach dem Gespräch darf es keinen Sieger und keinen Verlierer geben. Beide Seiten sollten das Gefühl haben, durch das Gespräch etwas gewonnen zu haben.

Vergessen Sie nicht die Nachbereitung! Zu einem späteren Zeitpunkt stellen Sie sich die Fragen:

- Wurde das im Korrekturgespräch festgelegte Ziel erreicht?
- Ist eine Prozessanalyse erforderlich?
- Sind erneute Korrekturen erforderlich, wenn bestimmte Situationen falsch eingeschätzt wurden?

Je konsequenter und hartnäckiger Sie einmal festgestellten Fehlern auf der Spur bleiben, desto eher wird der Fehler abgestellt. Sie fördern dadurch eine saubere und ordentliche Aufgabenerledigung. Das „Nachfassen" ist trotz der Beteuerungen zur Besserung notwendig, weil manche Fehler dem Mitarbeiter derart in Fleisch und Blut übergegangen sind, dass es zu Verhaltensänderungen mehrmaliger Hinweise bedarf.

AUSWERTUNG VON KORREKTURGESPRÄCHEN

Sie werten jedes Korrekturgespräch aus, um Verbesserungswürdiges sowohl an Ihrer Gesprächsführung als auch am gemeinsam erzielten Ergebnis zu erkennen und künftige Gespräche zu optimieren.

	ja	teilweise	nein
Gelang es mir, eine freundlich-höfliche Gesprächsatmosphäre zu erzeugen und beizubehalten?	☐	☐	☐
Wurde gemeinsam eine eindeutige Ausgangslage ermittelt?	☐	☐	☐

Vermied ich persönliche Angriffe sowie Anspielungen auf Charaktermerkmale oder Lebensumstände des Mitarbeiters?	☐	☐	☐
Fragte ich nach der Sichtweise des Mitarbeiters und holte ich seine Stellungnahme ein?	☐	☐	☐
Blieb ich auch bei Ausflüchten, Beschönigungen und Notlügen sachlich?	☐	☐	☐
Reagierte ich bei Unstimmigkeiten oder Unwahrheiten mit sachlichen Fragen nach Einzelheiten?	☐	☐	☐
Hörte ich aktiv zu?	☐	☐	☐
Beschäftigte ich mich ergebnisoffen mit den Vorschlägen des Mitarbeiters?	☐	☐	☐
Wurden alle Handlungsmöglichkeiten in die Entscheidung mit einbezogen?	☐	☐	☐
Wurde gemeinsam nach akzeptablen Lösungen gesucht?	☐	☐	☐
Wurde das künftige Verhalten konkret und eindeutig vereinbart und wurde ein realisierbarer Aktionsplan schriftlich oder mündlich aufgestellt?	☐	☐	☐
Beseitigt das Ergebnis voraussichtlich den Fehler und seine Wurzel?	☐	☐	☐
Wird das Ergebnis verhindern, dass dieser Fehler oder ähnlich gelagerte Fehler erneut auftreten?	☐	☐	☐
Wurde abgeschätzt, welche langfristigen Folgen das Ergebnis – auch für andere Unternehmensbereiche – haben könnte?	☐	☐	☐
Können unbeabsichtigte Nebeneffekte auftreten?	☐	☐	☐
Müssen nach diesem Ergebnis Zielvereinbarungen angepasst werden?	☐	☐	☐
Ist das Know-how des Mitarbeiters ausreichend, um das Ergebnis auch in die Praxis umsetzen zu können?	☐	☐	☐
Ist ausreichend Zeit zur Realisierung des Ergebnisses?	☐	☐	☐
Werden zusätzliche Ressourcen für die Realisierung benötigt? (Nicht vergessen: So viel Zusätzliches wie nötig, so wenig Zusätzliches wie möglich.)	☐	☐	☐

Wird mit der Lösung eine nachhaltige Ergebnisverbesserung erreicht im Hinblick auf ihre

- Vorteile? ☐ ☐ ☐
- Kosten? ☐ ☐ ☐
- Risiken? ☐ ☐ ☐
- Verbindlichkeit? ☐ ☐ ☐
- Umsetzbarkeit? ☐ ☐ ☐
- Nachhaltigkeit? ☐ ☐ ☐
- Umweltverträglichkeit? ☐ ☐ ☐

Ließ ich erkennen, dass ich nicht an der guten Absicht des Mitarbeiters zweifele, das Ergebnis umzusetzen? ☐ ☐ ☐

Wurden Fortschrittskontrollen terminiert, damit sich die Situation nicht nur kurzfristig bessert? ☐ ☐ ☐

Wie fühlt sich der Mitarbeiter vermutlich jetzt?

- zufrieden ☐ ☐ ☐
- unzufrieden ☐ ☐ ☐
- motiviert, das Ergebnis erfolgreich umzusetzen ☐ ☐ ☐
- demotiviert ☐ ☐ ☐

Was muss ich sofort konkret veranlassen?

____

____

____

Fehler von Kollegen nicht ignorieren, sondern helfend eingreifen

Zur DNA der konstruktiven Fehlerkultur gehört, gegenüber Fehlern offen zu sein, ihren Ursachen auf den Grund zu gehen und Lösungen zu finden. Dies gilt nicht nur für Sie, sondern auch für Ihr betriebliches Umfeld. Erkennen Sie bei Kollegen Fehler, werden Sie hierauf weder offen noch klammheimlich mit Schadenfreude reagieren. Das fällt manchmal nicht leicht, denn:

> Jeder Fehler erscheint unglaublich dumm, wenn andere ihn begehen.
> GEORG CHRISTOPH LICHTENBERG (1742–1799)

Auch ist es nicht opportun, mit dem Zeigefinger auf einen Kollegen zu zeigen, dem ein Missgeschick passiert ist. Vielmehr fühlen Sie sich im Sinne einer guten kollegialen Zusammenarbeit aufgerufen, von sich aus zur Vermeidung von Schäden helfend einzugreifen, denn Sie haben einen Slogan verinnerlicht:

Alle für einen, einer für alle, alle für ein gemeinsames Ziel!

Hat ein Kollege einen Fehler gemacht,

- versuchen Sie, ihm mit Ihren Erfahrungen beiseitezustehen,
- helfen Sie ihm, einen Fehler und die sich hieraus ergebenden Folgen zutreffend einzuschätzen,
- veranlassen Sie ihn, den Blickwinkel zu verändern und sein Augenmerk auf Alternativen zu richten,
- erörtern Sie neue Vorgehensweisen, die ihm helfen, nun Erfolg zu haben.

Worauf werden Sie bei Ihrem Hilfseinsatz achten?

- Drängen Sie sich nicht auf. Es soll nicht der Eindruck entstehen, der Kollege wäre ohne Sie hilflos. Fragen Sie also:
  „Bestehen Bedenken, wenn ich Sie auf einen Punkt aufmerksam mache, der Ihrem Erfolg möglicherweise im Wege steht?“
  „Ich will Ihnen nicht zu nahe treten, das liegt mir fern. Ein Punkt ist mir aber aufgefallen, über den ich gerne mit Ihnen sprechen möchte …“
- Wirkt sich der Fehler direkt auf Ihren Arbeitsbereich aus, sprechen Sie den Kollegen ohne Umschweife auf den Störfaktor an, selbst wenn dieser wenig Gesprächsbereitschaft zeigt. Geschieht dies in freundlicher, zumindest in sachlicher und normaler Tonlage, halten sich Aversionen des Kollegen gegen Sie vermutlich in Grenzen.
- Stellen Sie von Gesprächsbeginn an klar, dass es Ihnen in diesem informellen persönlichen Gespräch um die Sache geht und niemand angeklagt oder bestraft werden soll. Ohne diesen Hinweis würde der Kollege vielleicht unkonzentriert am Gespräch teilnehmen und mit einem Ohr auf Angriffe warten, um diese abwehren zu können. Am besten nennen Sie den beobachteten konkreten Fehler, damit die Aufmerksamkeit des Kollegen auf diesen sachlichen Grund gelenkt wird und destruktive Hintergedanken bei ihm gar nicht erst aufkommen.

- Vermeiden Sie es, ohne genaue Kenntnis des Vorgefallenen Lösungen zu nennen. Ist der Sachverhalt unklar, werden Sie auch als vermeintlich allwissende Führungskraft nicht den Stein des Weisen entdecken. Schließlich soll auch nicht der Eindruck entstehen: „Der Kollege X mischt sich unaufgefordert in Dinge ein, die ihn wirklich nichts angehen. Er weiß zwar nicht alles, dafür weiß er alles besser. Er sollte besser erst einmal vor der eigenen Türe kehren."
- Über offene Fragen (sog. W-Fragen) können Sie das Gespräch steuern und den Kollegen zu Einsichten bewegen, wie mit dem Fehler umgegangen werden könnte:

  - „Wie häufig haben Sie mit diesem Dilemma zu tun?"
  - „Wie viel Geld und Zeit müssen Sie für jede Fehlerbeseitigung einsetzen?"
  - „Welche Lösungsansätze können Sie sich vorstellen?"
  - „Welche Umstände haben Sie bisher gehindert, etwas zu verändern?"
  - „Wie lässt sich dieser Fehler dauerhaft ausmerzen?"
  - „Was kann ich dazu beitragen, damit dieser Fehler verschwindet?"

  Hier lassen sich die Vorteile einer guten Fragetechnik nutzen. Fragen haben einen Aufforderungscharakter und üben einen Zwang zur Reaktion aus. Mit Fragen wird der Gesprächspartner an ein Leitseil genommen nach dem Motto:

  - Wer fragt, der führt (den Befragten in die von Ihnen gewünschte Richtung).
  - Wer fragt, der aktiviert (Mitdenkreize, sodass die grauen Zellen des Partners angeregt werden).
  - Wer fragt, der produziert (Reaktionen, die von den Beteiligten genutzt werden können).

- Eigene Lösungsansätze werden Sie in Form von Vorschlägen einbringen:

  - „Was halten Sie davon, wenn wir ...?"
  - „Vielleicht kann folgende Lösung helfen ... Wie stehen Sie zu diesem Vorschlag?"
  - „Möglicherweise kann die Alternative ... interessant sein. Sollten Sie diese nicht in Ihre Überlegungen einbeziehen?"

- „Ich mache auf das Vorgehen der Fa. … aufmerksam. Vielleicht wäre es für Sie ein gangbarer Weg, wenn Sie unsere Besonderheiten in eine Lösung einfließen ließen."
- „Könnten Sie künftig nicht …?"

Wünschenswert wäre, der Kollege käme schließlich zu der Überzeugung, er sei selbst Urheber der Entscheidung gewesen.

- Ist zu befürchten, dass der Kollege wegen mangelnder Erfahrung oder fehlendem Know-how eine besprochene Veränderung nicht umsetzen kann, können Sie – falls es in Ihrem Interesse liegt – weitere Hilfe und Unterstützung anbieten.

Achtung: Auch wenn Ihre Helferdienste Ihnen ein wohliges Gefühl vermitteln, achten Sie darauf, dass Ihre Hilfestellung nicht zu einem Dauerzustand wird. Ihre eigene Arbeitsleistung darf darunter nicht leiden. Auf keinen Fall sollten Sie hinterlistigen Kollegen Gelegenheit geben, unter Vorspiegelung eigenen Unvermögens fehlerträchtige Arbeiten an Sie abzuschieben.

Ein anderer Sachverhalt: Sie fühlen sich durch das in Ihrer Wahrnehmung fehlerhafte Verhalten eines Kollegen gestört. Nun können Sie zwischen zwei Reaktionswegen wählen:

1. Sie nehmen dieses Verhalten als unabänderlich hin:

   - „Da kann man nichts machen, so ist er eben."
   - „Es hilft nichts, gegen Beton komme ich nicht an."
   - „Er ist jetzt 30 Jahre alt. Die Natur brauchte diese Zeit, um ihn so hinzubekommen, wie er jetzt ist. Da werden mir Veränderungen an diesem Menschen kaum gelingen."

   Damit akzeptieren Sie, dass sich an der unguten Situation nichts ändern wird. Erinnern Sie sich an das Gelassenheitsgebet, das dem Theologen Reinhold Niebuhr (1892–1971) zugeschrieben wird:

Gott, gib mir die Gelassenheit, Dinge hinzunehmen, die ich nicht ändern kann,
den Mut, Dinge zu ändern, die ich ändern kann,
und die Weisheit, das eine vom anderen zu unterscheiden.

2. Sie versuchen, mit einem konstruktiven Feedback die Situation in Ihrem Sinne in andere Bahnen zu lenken. Egal, wie Ihre Intervention ausgeht, es kann ja kaum schlechter werden, höchstens besser. Voraussetzung für ein Gelingen ist ein sorgfältig formuliertes Feedback, das aus drei Teilen besteht:

   Teil 1: **Sachverhalt** = Was ist geschehen?
   Das Feedback beginnt mit einer sachlich nachprüfbaren Situationsbeschreibung. Sie kommen mit der Darstellung des Sachverhalts sogleich auf den Punkt und reden nicht um den heißen Brei herum. Der Kollege weiß nun unzweifelhaft, auf welche konkreten Gegebenheiten Sie sich beziehen.

   Teil 2: **Beschreibung eigener Gefühle** = Sich selbst einbringen
   Sie offenbaren, wie Sie innerlich emotional auf den dargestellten Sachverhalt reagieren. Mit dieser subjektiven Stellungnahme exponieren Sie sich als Person. Sprechen Sie offen über Ihr Erleben und Empfinden, sind Sie Beispiel und Vorbild für authentisches Handeln.

   Teil 3: **Konstruktive Komponente** = Wie anders/besser agieren?
   Nennen Sie Ihre Vorstellungen, wie künftig eine Verbesserung herbeigeführt werden kann. Ohne diese aufbauende Komponente bliebe Ihr Feedback im Negativen stecken. Mit Ihrem in die Zukunft gerichteten Fingerzeig wird eine Basis errichtet, auf welcher der Kollege im Idealfall eigene Zielvorstellungen und Verhaltensänderungen aufbauen und entwickeln kann.

   Die Kurzform für dieses dreiteilige Feedback lautet:
   Was bewirkt bei mir was und wie sollte es weitergehen?

   Beispiel:
   Der Hinweis „Sie reden völlig an mir vorbei." ist nicht zielführend. Besser wäre
   - Teil 1: „Sie reden schon drei Minuten und wiederholen sich mehrfach."
   - Teil 2: „Es ärgert mich, dass ich keine klärenden Fragen stellen kann."
   - Teil 3: „Ich fände es besser, wenn Sie sich kürzer fassen würden und mir Raum für Fragen ließen."

Achten Sie darauf, dass Ihr Feedback eher
- beschreibend (nicht bewertend oder interpretierend),
- konkret (nicht verallgemeinernd oder pauschal),
- pointiert (nicht schwammig oder vage),
- realistisch (nicht utopisch) und
- unmittelbar (nicht verspätet) sein sollte.

In Ausnahmefällen Missfallen erlaubt

Jede Führungskraft ist im Rahmen ihrer Führungsaufgaben verpflichtet, Fehler und Fehlverhalten mit dem Mitarbeiter zu erörtern. Im Regelfall wird sie ein sachliches Korrekturgespräch führen und den Eindruck vermeiden, der Mitarbeiter solle angeklagt oder bestraft werden.

In Ausnahmesituationen wird diese Führungskraft ihr kooperatives und tolerantes Führungsverhalten vorübergehend aufgeben und dem Mitarbeiter gegenüber starkes Missfallen äußern. Denkbar sind folgende Situationen, in denen eine Führungskraft nicht sogleich zur Tagesordnung übergehen sollte:

- Fehler treten auf, weil ein Mitarbeiter bewusst Regeln und Vorgaben bricht oder missachtet. Betreibt er wissentlich Sabotage, wird dieses Vorgehen zur Beendigung des Arbeitsverhältnisses führen.
- Ein Mitarbeiter wird bei dem Versuch ertappt, einen Fehler zu vertuschen. Hierdurch ermöglicht er eine Fehlerkette und gefährdet das Gesamtergebnis. Das ist ein gravierendes Fehlverhalten, denn vertuschte Fehler erweisen sich als Zeitbomben, die im Laufe der Zeit zu wachsen pflegen und auf Dauer doch nicht unentdeckt bleiben.
- Der Mitarbeiter fällt dabei auf, dass er seinen Kollegen bewusst Fehler in die Schuhe schiebt. Dieses zu Konflikten führende Verhalten ist abzustellen, da sonst das Betriebsklima erheblich leiden würde.
- Ein Mitarbeiter weist nach vorausgegangenen Korrekturgesprächen weiterhin eine hohe Fehlerhäufigkeit auf, die vermutlich aus seiner Inkompetenz, mangelnder Einsicht oder einer inneren Kündigung resultiert.
- Der Mitarbeiter setzt sich über die Null-Wiederholfehler-Regel hinweg und streut als Wiederholungstäter immer wieder Sand ins Getriebe.

Fehler zu machen, ist menschlich –
aus Fehlern aber nicht zu lernen, ist unverzeihlich!

Allerdings ist eine Null-Fehler-Forderung lebensfremd und illusorisch (vgl. Seite 25). Denn egal, ob Fehler erlaubt oder verboten werden, sie passieren trotzdem. Wird aber offen mit Fehlern umgegangen und werden aus ihnen für die Zukunft Lehren gezogen (z. B. Abläufe überprüfen, Verantwortlichkeiten neu ordnen, Notfallpläne überarbeiten), muss anschließend unbedingt eine Null-Wiederholfehler-Kultur praktiziert werden. Damit wird vermieden, dass Maßnahmen zur Verhinderung des gleichen oder eines ähnlichen Fehlers ständig neu zu entwickeln sind. Tritt aber ein Mitarbeiter immer wieder in die gleichen Fettnäpfchen, macht er sich nicht nur selbst das Leben schwer, sondern auch seine Reputation leidet: Er wird als lern- und entwicklungsresistent eingeordnet und muss mit erheblichen beruflichen Sanktionen bis hin zu sozialer Ausgrenzung rechnen.

> **Das ist das Schöne an einem Fehler:**
> **Man muss ihn nicht zweimal machen**
> THOMAS ALVA EDISON

Hier kommt die Führungskraft nicht umhin, Tacheles zu reden, so zum Beispiel:

„Ich habe den Eindruck, dass Sie diesen Fehler vorsätzlich machen, zumal er schon zum wiederholten Mal geschieht. Und wir haben darüber auch schon mehrfach gesprochen. Mir ist unklar, welches Motiv Sie antreibt. Wollen Sie unserer Firma mit Ihren Fehlern/Ihrem fehlerhaften Verhalten schaden? Oder meinen Sie, sich gefahrlos über meine Anweisungen hinwegsetzen zu können?“

Zumeist gibt der ertappte Sünder sein verwerfliches Verhalten auf, um selbst keine Nachteile zu erleiden. Soll eine nachhaltige Wirkung erzielt werden, lassen sich mahnende und kritische Aussagen durch Sanktionen verstärken, die sich am Maß des individuellen Verschuldens ausrichten müssen.

Stellen sich allerdings bisher nicht bekannte Fehlerursachen heraus, ist statt Sanktionen eine Neubewertung der Situation erforderlich, um eine dauerhafte Fehlervermeidung zu bewirken.

4

Einführen einer konstruktiven Fehlerkultur

Wie ist der aktuelle Stand des Fehlermanagements in Ihrem Unternehmen?

Bevor in einem Unternehmen die Einführung einer konstruktiven Fehlerkultur erwogen wird, sollte mit einer Befragung von Betriebsangehörigen der gegenwärtige Stand des Fehlermanagements ermittelt werden. Allerdings würde es einen immensen Aufwand verursachen, alle Mitarbeiter eines Großunternehmens zu befragen. Daher ist die Anzahl der zu Befragenden auf ein überschaubares Maß zu reduzieren. Die Teilnehmer sollten aus unterschiedlichen Unternehmensbereichen und Hierarchiestufen kommen und nicht für übermäßige Loyalität und vorauseilenden Gehorsam bekannt sein.

Die Beantwortung der im Fragebogen enthaltenen Statements beruht auf freiwilliger und anonymer Basis. Günstig wäre das frühzeitige Einbeziehen des Betriebsrats, der mit seiner Unterstützung dieser Bestandsaufnahme zusätzliches Gewicht verleiht.

Der folgende Fragebogen (vgl. Seiten 144/145) kann Ihnen als Grundlage für eine firmenspezifische Befragung dienen, wobei Sie auch zusätzliche spezielle Informationswünsche aufnehmen können.

Gehen Sie bei der Auswertung des Fragebogens davon aus, dass Ja-Antworten bei den

Ziffern 2, 3, 5, 8, 9, 10, 11, 15, 18, 19 und 21

auf eine destruktive Fehlerkultur hinweisen, während Ja-Antworten bei den

Ziffern 1, 4, 6, 7, 12, 13, 14, 16, 17 und 20

eher eine konstruktive Fehlerkultur erkennen lassen.

FRAGEBOGEN: FEHLERKULTUR IN UNSEREM UNTERNEHMEN

Bitte nehmen Sie an dieser Befragung auf freiwilliger Basis teil. Wir wollen ermitteln, wie in unserem Betrieb mit Fehlern umgegangen wird und welche Verbesserungen unseres Fehlermanagements Sie erwarten. Wir begrüßen es, wenn Sie unvoreingenommen Stellung beziehen und Ihre eigene Meinung mitteilen. Nachteile entstehen Ihnen nicht, weil die Firma die Ergebnisse anonym behandeln wird. Der Betriebsrat hat dieser Befragung zugestimmt.

		Ja	Nein
1.	Fehler weisen darauf hin, was man besser machen kann.	☐	☐
2.	Bevor es Ärger wegen des Fehlers gibt, wird er besser vertuscht.	☐	☐
3.	Ich habe Angst vor den Konsequenzen, wenn ich Fehler mache.	☐	☐
4.	Fehler helfen, unsere Arbeit zu verbessern.	☐	☐
5.	Fehler werden erst behoben, wenn ein Wegschauen unmöglich wird.	☐	☐
6.	Wissen wir bei einem Fehler nicht mehr weiter, helfen die Kollegen.	☐	☐
7.	Erkannte Fehler werden sofort behoben.	☐	☐
8.	Unangenehme Fehler behält man besser für sich.	☐	☐
9.	Teilt jemand seinen bisher unbemerkten Fehler mit, hat er nur mit Nachteilen zu rechnen.	☐	☐
10.	Fehler werden nicht an die große Glocke gehängt, wenn sie anderen Personen nicht auffallen.	☐	☐
11.	Reagieren Führungskräfte bei schweren Fehlern mit „Strafmaßnahmen"?	☐	☐
12.	Geben sich die Kollegen Feedback und weisen einander auf Fehler und Potenziale hin?	☐	☐
13.	Akzeptieren und bedanken sich Mitarbeiter, wenn ein Kollege sie auf einen Fehler hinweist?	☐	☐
14.	Geben Mitarbeiter einen Fehler freimütig zu?	☐	☐
15.	Suchen Mitarbeiter bei einem Fehler nach Ausflüchten und Relativierungen?	☐	☐

16. Als Führungskraft haben Sie einen schweren Fehler gemacht. Werden Sie von Mitarbeitern darauf hingewiesen? ☐ ☐
17. Haben Sie den Eindruck, dass Ihre Kollegen bei einem Fehler einen Lernprozess durchlaufen? ☐ ☐
18. Befürchten Kollegen durch einen Fehler Nachteile, wird ab und zu die Unwahrheit gesagt. ☐ ☐
19. Wird nach Erkennen eines Fehlers sofort nach dem Schuldigen gefahndet? ☐ ☐
20. Sucht man nach Erkennen eines Fehlers vorrangig nach den Fehlerursachen? ☐ ☐
21. Kommt es vor, dass ein Fehlerverursacher vor den Kollegen zur Rechenschaft gezogen wird? ☐ ☐

Sollten Sie zusätzliche Informationen geben wollen, notieren Sie diese bitte auf der Rückseite.

Herzlichen Dank für Ihre konstruktive Mitwirkung!

Schrittweises und gut durchdachtes Vorgehen

Soll offiziell eine konstruktive Fehlerkultur eingeführt werden, müssen sämtliche Führungskräfte und Mitarbeiter bereit sein, ihre Einstellung zu Fehlern und daraus resultierenden Verhaltensweisen grundlegend zu überdenken und zu ändern. Dieser Bewusstseinswandel stellt für manche Personen eine gewaltige Herausforderung dar, gilt es doch, die bisherige destruktive Fehlerkultur durch eine konstruktive Fehlerkultur zu ersetzen.

Hierzu Zahlen aus einer Umfrage einer führenden Unternehmensberatung aus dem Jahr 2018:

- 18 Prozent der Befragten gaben an, dass Fehler in ihrem Unternehmen nicht angesprochen würden.
- 57 Prozent der Befragten waren der Ansicht, dass Fehler vertuscht werden, weil Mitarbeiter fürchten, als Überbringer schlechter Nachrichten zum Bauernopfer zu werden.
- 54 Prozent der befragten Führungskräfte sahen Angst vor Gesichtsverlust als größtes Hindernis auf dem Weg zu einer konstruktiven Führungskultur.

Auch heißt es in der Auswertung der Umfrage: „Während unter den Mitgliedern eines Teams Fehler durchaus thematisiert werden, gibt es nach oben und unten Tabus und Kommunikationsprobleme. Diese gefährden die Innovationsfähigkeit der Unternehmen, da die Mitarbeiter in einem solchen Umfeld kein Risiko wagen."

Mancher Verantwortliche in hierarchisch geprägten Organisationen sollte beim vorigen Absatz aufmerken. Denn diese Organisationen neigen dazu,

- Fehler intim, diskret, vertraulich, nicht öffentlich oder gar als nicht existent („Fehler machen wir nicht") zu behandeln,
- Mitarbeiter zu schützen, die für einen Fehler verantwortlich sind,
- Fehler an Regeln oder Tabus zu binden (z. B. Hinweise auf mangelnde oder ungeklärte Zuständigkeit, laufende Verfahren, berufliche Schweigepflicht).

Steve Jobs, der US-amerikanische Unternehmer und Mitbegründer von Apple (1955–2011) merkte zweifelnd an:

> Sobald eine Organisation scheinbar fehlerfrei läuft,
> muss man ernsthaft nachdenken, einen Fehler zu inszenieren.

Wurde nach Auswertung der Mitarbeiterbefragung ein Handlungsbedarf deutlich, sollte das Unternehmen ohne Umschweife aktiv werden. Ein Abwarten könnte von den Mitarbeitern dahingehend interpretiert werden, die Unternehmensführung würde der Veränderung nur eine nachgeordnete Priorität einräumen.

Startschuss der Unternehmensführung

Eine vorausschauende, kluge und verantwortungsbewusste Unternehmensführung verfolgt mit offenen Augen und Ohren einen gegenwärtig sich mit hoher Dynamik in allen Bereichen vollziehenden Prozess – Stichwort Transformation. Das Management erkennt eine Unmenge bahnbrechender Veränderungen und Umwälzungen, welche von der Digitalisierung und Globalisierung ausgelöst werden. Um sich den schnell wandelnden Märkten und Rahmenbedingungen anpassen zu können, sind Entscheidungen zu treffen, welche die Wettbewerbsfähigkeit des eigenen Unternehmens stärken sowie sein längerfristiges Überleben ermöglichen sollen. Dass hierbei die Effizienz eines Unternehmens sowie ein fundamentaler und dauerhafter Wandel im Vordergrund stehen müssen, ist nachvollziehbar. Die längerfristige Reduzierung von Fehlern auf allen Ebenen eines Unternehmens bedeutet hier einen wesentlichen Wettbewerbsvorteil und die erhoffte Überlebensversicherung.

Die Unternehmensführung muss die konstruktive Fehlerkultur bejahen und ihrer Einführung für das gesamte Unternehmen sowie alle Hierarchieebenen zustimmen. Sie wird bedenken, welcher Nutzen mit dem Aufbau der neuen Fehlerkultur verbunden ist. Ein stets Wirkung erzielendes Argument bei der Entscheidung der Firmenspitze lautet:

**Fehler kosten Geld, schwere Fehler kosten viel Geld,
viele schwere Fehler kosten exorbitant viel Geld
und gefährden das Überleben eines Unternehmens.**

Ein weiterer Aspekt ist bedeutungsvoll: Wurde berechtigterweise vermutet, dass der Aufwand einer Neuausrichtung in einem vernünftigen Verhältnis zum erhofften Ertrag steht, wird keine Bereitschaft bestehen, bei den ersten (bei Neuerungen stets zu erwartenden) Schwierigkeiten wieder den Rückzug anzutreten. Nichts kann die getroffene Entscheidung erschüttern, selbst nicht der gängige Einwand: „Ist der Aufwand, den wir betreiben, nicht übertrieben? In der Vergangenheit sind wir doch auch ganz gut über die Runden gekommen und die durch Fehler verursachten Kosten hielten sich doch stets im Rahmen."

Übernahme der Projektleitung

Für die Realisierung des Vorhabens wird ein geeigneter Projektleiter benannt. Häufig wird diese Funktion von einem Mitarbeiter der Personalabteilung übernommen, wobei fraglich ist, ob diese Person auch über die erforderliche Kompetenz und Erfahrung verfügt. Zu prüfen wäre, ob eine externe Unterstützung durch einen qualifizierten Berater der bessere Weg ist. Mit einer externen Begleitung lässt sich die erforderliche Fachkompetenz erweitern und bei der Belegschaft die Glaubwürdigkeit des Vorhabens wegen der vermuteten Neutralität steigern.

Eine weitere Variante besteht in der Bildung eines Projektteams, dessen Mitglieder sich aus unterschiedlichen Abteilungen zusammensetzen. Das Team erhält den Auftrag, verschiedene Lösungsoptionen auszuarbeiten, diese eventuell mit den Kollegen in den jeweiligen Abteilungen zu diskutieren und anschließend der Geschäftsleitung Empfehlungen zu präsentieren. Hierdurch findet eine frühzeitige Beteiligung der Mitarbeiter statt, die so den Sinn des Vorhabens verstehen und bei Einführung der Neuerung innerlich bereits vorbereitet sind. So wird auch ein Grundsatz des Change-Managements berücksichtigt: Die von einer Veränderung Betroffenen beteiligen und frühzeitig mit ins Boot nehmen, statt die Beteiligten durch Übergehen betroffen zu machen!

Konstruktive Fehlerkultur frühzeitig kommunizieren

Es ist zu wünschen, dass die Firmenangehörigen bereitwillig eine veränderte Fehlerkultur akzeptieren und sich nicht sträuben nach dem Motto: „Was haben die sich da oben wieder Neues ausgedacht?" Da bisher ein anderes und oft in Fleisch und Blut übergegangenes Vorgehen üblich war, werden sie ihr Verhalten vermutlich eher ändern, wenn ihnen bewusst wird, dass und weshalb das Bisherige für das Unternehmen ein Problem darstellt und auch für sie selbst von Wichtigkeit ist. Hier würde eine übergestülpte Anordnung par ordre du mufti nicht zum Ziel führen, weil Widerstände zu erwarten wären. Zielführender ist, die Mitarbeiter frühzeitig mit ins Boot zu holen und als Führungskraft mit gutem Beispiel voranzugehen.

Rechnen Sie also damit, dass nicht alle Firmenangehörigen sogleich ihre in jahrzehntelanger Praxis verinnerlichte Einstellung zu Fehlern aufgeben. Ihr bisheriger Kompass betrachtete Fehler als Störfaktoren und Ärgernisse, die im Betrieb für Unruhe sorgen. Jetzt soll die ausschließlich negative Beurteilung von Fehlern aufgegeben und durch eine konstruktive Fehlerkultur ersetzt werden, in der Fehler nicht zur Verurteilung von Sündenböcken führen, sondern als Chancen zur Verbesserung und Weiterentwicklung gesehen werden.

Mitarbeiter sind keine Roboter, deren Verhalten sich auf Knopfdruck umprogrammieren lässt. Gehen Sie also nicht davon aus, dass alle Betriebsangehörigen sich gegenüber der Veränderung von Beginn an mustergültig verhalten werden.

Betrachten Firmenangehörige die neue Fehlerkultur skeptisch, werden Sie mit offenem, vor allem aber geheimem Widerstand rechnen müssen. Hierauf mit Druck im Rahmen des Weisungsrechts zu reagieren, wäre gewiss nicht förderlich. Denn Sie wissen aus dem Physikunterricht: Druck erzeugt Gegendruck.

Um Ressentiments gegen eine konstruktive Führungskultur abzubauen, ist eine frühzeitige Informationskampagne über alle hierarchischen Ebenen eines Unternehmens hinweg (Ziel: Alle Betriebsangehörigen müssen an einem Strang ziehen.) eine bessere Alternative. Hier wäre zunächst eine eindeutige Kernbotschaft zu entwickeln, die im gesamten Unternehmen gelten soll, beispielsweise:

Wir wollen offen, ehrlich und möglichst stressfrei über Fehler reden, sie für unsere Fortentwicklung nutzen und so zur Verringerung der Fehlerzahl und zur Verbesserung unserer Wettbewerbssituation beitragen.

Dieser Leitgedanke sollte künftig allen Betriebsangehörigen leuchtschriftartig vorschweben und das tägliche Handeln beeinflussen. Auch könnte er im Unternehmensleitbild verankert und in die Führungsgrundsätze integriert werden.

Gutes Beispiel der Führungskräfte

Da alle mit Führungsaufgaben betrauten Firmenmitglieder als Multiplikatoren in Betracht kommen und sich für die Einhaltung der neuen Regeln in ihrem Zuständigkeitsbereich einsetzen sollen, ist deren vorbehaltloses Mitwirken erforderlich. Schließlich nehmen sie eine entscheidende Position für das Gelingen ein und sollten mit gutem Beispiel vorangehen. Die Einführung der konstruktiven Führungskultur allein mittels guter Argumente oder per Anweisung genügt nicht, denn entscheidend ist das Vorbild der Führungskraft (vgl. Seite 100).

Reaktionen auf skeptische/ablehnende Kommentare

Möglicherweise werden nicht alle Führungskräfte den Umstellungsprozess von Beginn an mit ganzem Herzen unterstützen. Hier soll auf drei häufig erhobene Vorwände eingegangen werden:

„Eine konstruktive Fehlerkultur wird in meinem Team schon seit längerer Zeit praktiziert, sodass sich für mein Team nichts Neues ergibt. Der erkennbare Aufwand ist für mich nicht nachvollziehbar.“

Ihre Reaktion:
„Prima, dass wir mit unserem Vorhaben bei Ihnen offene Türen einrennen und keine Überzeugungsarbeit mehr leisten müssen. Ich glaube, es kann nicht schaden, die Erfordernisse einer konstruktiven Fehlerkultur Ihren Mitarbeitern nach dem Motto ‚Steter Tropfen höhlt den Stein' noch einmal in Erinnerung zu rufen. Damit stellt sich bei den Mitarbeitern das beruhigende Gefühl ein, sich bereits seit längerer Zeit auf dem richtigen Weg zu befinden und gegenüber anderen Organisationseinheiten des Unternehmens einen Vorsprung zu besitzen. Ihre verwertbaren Erfahrungen können sicherlich in den unternehmensweiten Veränderungsprozess einfließen und als unterstützende Beispiele dienen. Vielleicht lassen sich aber auch in Ihrem Team hier und da Vorgehensweisen nachschärfen. Auf jeden Fall ist es wichtig, einen einheitlichen Informationsstand im Unternehmen mit allgemeinverbindlichen Regeln zu erreichen. Dann kann in allen Betriebsbereichen gleichermaßen verfahren werden. Ich zähle auf Ihre uneingeschränkte Kooperation."

„Wurde von uns bisher wirklich derartig fehlerhaft gearbeitet, dass nun alles Bisherige infrage gestellt werden muss?"

Ihre Reaktion:
„Ich bin sicher, dass in der Vergangenheit die Bemühungen unserer Mitarbeiter immer darauf ausgerichtet waren, Fehler zu vermeiden. Deshalb sollten die neuen Überlegungen keinesfalls als Kritik am bisherigen Umgang mit Fehlern aufgefasst werden. Die Befragungsergebnisse lassen allerdings einen Handlungsbedarf erkennen. Hier habe ich mir einige Ergebnisse aufgeschrieben, die ich Ihnen gerne nenne (*möglichst Fragen auswählen, die auf eine destruktive Fehlerkultur hinweisen und hohe Prozentwerte erreichten):*

Dem Statement *Unangenehme Fehler behält man besser für sich* stimmten X Prozent der Befragten zu, bei der Aussage *Wird nach Erkennen eines Fehlers sofort nach dem Schuldigen gefahndet?* waren es Y Prozent und bei der Frage … stimmten Z Prozent zu.

Es wäre doch sträflich, diese Zahlen zu ignorieren und zum business as usual überzugehen. Bedenken wir bitte, dass das Bessere der Feind des Guten ist und setzen wir künftig unsere Energien ein, um noch bessere Ergebnisse zu erzielen, die für alle Beteiligten von Nutzen sind."

„Ich bin skeptisch. Warum etwas Neues? Der Laden läuft doch. Sicherlich treten gelegentlich Fehler auf. Wo gehobelt wird, fallen Späne. Dies trifft auf alle Firmen zu, da bilden wir keine Ausnahme. Mit der skizzierten Veränderung nach dem Motto ‚Friede, Freude, Eierkuchen' kommt es nur zu Irritationen. Werden die neuen Vorstellungen realisiert, ist mit der Ablehnung durch die Mitarbeiter zu rechnen."

Ihre Reaktion:
Selbst wenn Sie am liebsten aus der Haut fahren wollen, behalten Sie bei dieser Ablehnung die Contenance.

Ohne es direkt anzusprechen, sollen mit obigen inhaltlosen Floskeln ohne substanzielle Begründungen Veränderungsaktivitäten erstickt werden. Tatsächlich dürfte der direkt nicht geäußerte wichtigste Beweggrund der Ablehnung lauten: Ich bin dagegen! Mit mir nicht!

Beachten Sie einen Aspekt, der vermutlich für die Ablehnung ausschlaggebend ist: Noch nie in der Menschheitsgeschichte vollzogen sich Wandel und Umgestaltung so rasant wie heute. Mittlerweile ist die Veränderung beinahe Normalität geworden. Die vielen Veränderungen können Unsicherheit erzeugen. Aufkommende Ängste verstärken das Beharrungsvermögen, man verhält sich dem Neuen gegenüber skeptisch bis ablehnend und bevorzugt trotz möglicher Schwächen das Bisherige.

Weisen Sie die Floskeln als nicht stichhaltig zurück, kann die Gesprächsatmosphäre Schaden nehmen, weil der Ablehnende einen Gesichtsverlust befürchtet. Besser arbeiten Sie mit Fragen:

- „An welche Irritationen bei den Mitarbeitern denken Sie ganz konkret?"
- „An welchen Stellen und bei welchen Mitarbeitern vermuten Sie Widerstände?"
- „Sie rechnen mit der Ablehnung durch die Mitarbeiter. Was sind deren wichtigste Einwände und Kritikpunkte?"
- „Sollte es nicht in unserem Interesse liegen, uns in Veränderungsprozesse einzubringen und uns daran zu beteiligen, damit es zu Ergebnissen kommt, mit denen wir gut leben können?"
- „Niemand kann sich neuen Erkenntnissen verschließen. Sind wir uns einig, dass wir bisherige Vorgehensweisen anpassen müssen, damit unser Unternehmen und damit unsere Arbeitsplätze gesichert bleiben?"

- „Mit der Fehlerbehandlung von vorgestern und gestern die künftigen Probleme lösen wollen – wie soll das funktionieren? Können Sie mir das plausibel erklären?“
- „Würden Sie mit gutem Beispiel vorangehen, befürchten Sie auch dann wesentliche Widerstände Ihrer Mitarbeiter?“

Hiernach ist zu hoffen, dass sich der Widerstand des Skeptikers in Luft auflöst.

Personalvertretung einbinden

Das Unternehmen sollte überlegen, mit dem Betriebsrat eine spezielle Betriebsvereinbarung abzuschließen, um künftige Strafexpeditionen von Vorgesetzten gegenüber Mitarbeitern, denen ein Fehler angelastet wird, zu erschweren. In ihr müssten Fehler als Chancen definiert werden, die der Verbesserung der betrieblichen Organisation und von Abläufen in den einzelnen Unternehmensbereichen dienen und zu einer vertrauensvollen Kommunikation beitragen. Der Einsatz von Fehlermeldesystemen zur Meldung, Vermeidung und Beseitigung von Fehlern könnte hier festgeschrieben werden.

Betriebsinterne Workshops

Allen Betriebsangehörigen muss offensichtlich sein, was unter einer konstruktiven Fehlerkultur zu verstehen und wie das eigene Verhalten angesichts der neuen Fehlerkultur anzupassen ist. Denkbar wäre die Teilnahme an eigens für diesen Zweck eingerichtete Workshops zur Vermittlung praxisnaher Basisinformationen. Hier könnten beispielsweise Fragen diskutiert werden wie:

- Was verstehen wir unter konstruktiver Fehlerkultur?
- Welche Vorzüge sind mit einer konstruktiven Fehlerkultur verbunden?
- Welche Fehler passieren bei uns immer wieder? Woran liegt das?
- Gibt es bei uns bisher nicht genutzte Verbesserungsmöglichkeiten?
- Wie gehen wir künftig mit Fehlern um?

Mitarbeiterbesprechungen und Betriebsversammlungen

Günstig wäre es, im Rahmen einer Mitarbeiterbesprechung oder bei einer Betriebs-/Personalversammlung das künftige Fehlermanagement zu erläutern und intensiv über Fehlermeldungen und Fehlerbearbeitung zu informieren. Um eine erfolgreiche Überzeugungsarbeit leisten zu können, sollten vorab mehrere Beispiele für eine vertuschte oder verspätete Fehlermeldung gesammelt und hierdurch entstandene Kosten errechnet werden.

Spricht ein souveräner Vortragender auch über eigene Fehlentscheidungen und Missgeschicke, die in der Fehlerkette erhebliche Maßnahmen/Schäden ausgelöst haben, erhält er nicht nur die ungeteilte Aufmerksamkeit seiner Zuhörer, sondern steigert durch seine zugegebene Fehlbarkeit auch seine Glaubwürdigkeit. Hierbei sollte für die Belegschaft erkennbar werden, dass Fehler zum Menschsein gehören und bei früher Bekanntgabe besser beherrschbar sind. Die konkreten Beispiele werden manchen Betriebsangehörigen veranlassen, sich intensiver auf die neue Fehlerkultur einzulassen und sich bei einer folgenden Diskussion mit Fragen und Lösungsmöglichkeiten einzubringen.

Je intensiver die Belegschaft in den Diskussionsprozess einbezogen ist, desto klarer kristallisieren sich die neuen Spielregeln heraus. Schließlich erwarten die Mitarbeiter engagiert und bereitwillig deren Umsetzung, weil sie den Sinn nachvollziehen können und innerlich auf die Veränderungen vorbereitet sind.

Schriftliche Informationen

Damit die neuen Verhaltensweisen nicht vergessen werden, folgen Sie dem Ratschlag Goethes und stellen die wesentlichen Punkte in einem Handout (vgl. Seite 157) zusammen. Es sollte an alle Firmenangehörigen verteilt und zusätzlich an Bekanntmachungstafeln, Schwarzen Brettern und ähnlichen Stellen ausgehängt oder in Firmenzeitungen/-zeitschriften abgedruckt werden.

> Was man schwarz auf weiß besitzt, kann man getrost nach Hause tragen.
> JOHANN WOLFGANG VON GOETHE

Unerlässlich: das Follow-up

Mit behutsamen und möglichst unaufdringlichen Kontrollen werden alle Führungskräfte die Einhaltung der Grundsätze der konstruktiven Fehlerkultur beobachten und verstärkend aktiv werden.

Informationen nachschieben

Jede Führungskraft muss bereit sein, weitere Informationen zur Verfügung zu stellen, um die Akzeptanz des veränderten Umgangs mit Fehlern zu erhöhen. Schließlich kommt es darauf an, dass Mitarbeiter freiwillig ihren Widerstand aufgeben, der seinen Ursprung in den Überzeugungen und etablierten Gewohnheiten der Betroffenen hat.

Internes Fehlermelde- bzw. Hinweisgebersystem einrichten

Sollte in Ihrem Unternehmen eine Dokumentation über Fehler und Lösungen vorgesehen sein (vgl. Seite 112), sind die Mitarbeiter frühzeitig einzubinden. Die Akzeptanz bei den Mitarbeitern lässt sich durch ein anonymisiertes Meldeverfahren und die Zusicherung der Vertraulichkeit stärken. Hierdurch können keine Rückschlüsse auf bestimmte Personen gezogen werden, niemand wird an den Pranger gestellt.

Führen die gewonnenen Erkenntnisse zu speziellen Maßnahmen, sollte dies im Betrieb bekannt gemacht werden. So erkennen die Mitarbeiter, dass nicht nur Daten gesammelt werden, sondern diese zu Verbesserungen beitragen.

Nachsteuern

Die Überprüfung der Nachhaltigkeit für die neue Fehlerkultur sowie die Frage von Konsequenzen bei wiederholten Regelverstößen müssen frühzeitig bedacht werden. Blieben Konsequenzen aus, würden vorrangig skeptische Mitarbeiter an der Ernsthaftigkeit der Neuerung zweifeln, denn was nicht nachgehalten wird, kann in deren Augen nicht wirklich wichtig sein. Demzufolge ist ein beharrliches Nachsteuern zwingend notwendig:

Die Führungskraft weist gesprächsweise auf die Einhaltung der nun geltenden Regeln hin und ermahnt zu einer konsequenten Beachtung. Häufen sich beim Mitarbeiter Regelmissachtungen, wird eine Missbilligung klar kommuniziert. Er soll erkennen, dass er mit einer Verweigerungshaltung nicht durchkommt. Im Regelfall werden sich die so in den Fokus genommenen Betriebsangehörigen anpassen, weil es ihnen unangenehm ist, immer wieder ermahnt zu werden. Je früher sich herumspricht, dass der Vorgesetzte auf der Beachtung der neuen Regeln beharrt, umso eher ist mit einer dauerhaften positiven Veränderung der Fehlerkultur zu rechnen.

Ausnahmsweise arbeitsrechtliche Sanktionen vorsehen

Spricht ein Vorgesetzter einen Mitarbeiter konsequent in jedem Einzelfall auf ein bestimmtes Fehlverhalten an (z. B. auf eine unterlassene Fehlermeldung), ist die psychologische Wirkung mit einer Abmahnung vergleichbar und sollte ohne arbeitsrechtliche Schritte zum gewünschten Ergebnis führen.

Werden sogleich formale Sanktionen angedroht, müssen den Worten bei einer weiteren Zuwiderhandlung Taten folgen. Unterbleiben diese bei ansonsten zuverlässigen und unentbehrlichen Leistungsträgern, würde sich der Vorgesetzte unglaubwürdig machen. Also hält er sich voraussichtlich mit arbeitsrechtlichen Drohungen zurück, um nicht hervorragende Mitarbeiter zu verlieren. Zeigt ein schnell ersetzbarer Mitläufer das gleiche Fehlverhalten, kann eher mit einer Abmahnung gerechnet werden. Dann hätte der Vorgesetzte bei einem vergleichbaren Fehlverhalten zweierlei Maß angelegt – ein Vorwurf, der am Standing als erfolgreiche Führungskraft zweifeln ließe.

Manche Menschen benötigen einige Zeit, um sich auf veränderte Regeln einzulassen. Zeigen diese „Spätzünder“ auch nach einer Übergangszeit trotz mehrfacher Erinnerungen und Ermahnungen keinen Änderungswillen, wird dem dickfelligen Widerspenstigen mit einer Abmahnung der Ernst der Lage bewusst gemacht. Lässt sich auch danach keine Änderungsbereitschaft erkennen, ist eine Kündigung unvermeidbar.

Rückfälle vermeiden

Verhaltensänderungen beruhen immer auf Lernprozessen. Es sollen die seit langer Zeit herangebildeten destruktiven Gewohnheiten beim Umgang mit

Fehlern abgelegt werden. Das bedeutet für jeden Menschen ein Umlernen – und Umlernen erfordert bekanntermaßen mehr Energie als erstmaliges Lernen. Bis neue Gewohnheiten sich in unser Gehirn eingefräst haben, müssen Stolpersteine wie mangelnde Flexibilität, Zweifel und Ängste einkalkuliert und überwunden werden.

Es wäre unrealistisch, Rückfälle auszuschließen. Gerade in der Übergangsphase zu neuen Verhaltensmustern sind wir besonders anfällig, die Flinte ins Korn zu werfen und das langjährig praktizierte und uns ans Herz gewachsene Verhalten wieder zu aktivieren. Denken wir auch an Führungskräfte, die von allen Seiten unter Druck gesetzt werden und kaum mehr wissen, wie sie den an sie gerichteten Erwartungen in der oft herrschenden Dringlichkeit gerecht werden können. Hier ist Stehvermögen angesagt, sich mustergültig zu verhalten und auch bei unvorhergesehenen Schwierigkeiten den als richtig erkannten neuen Weg beizubehalten. Es wurde bereits Energie für die Veränderung eingesetzt und ein Großteil des Weges bewältigt – diese Investition sollte nicht abgeschrieben werden. Eine Rückkehr zu früheren, bereits überstanden geglaubten Verhaltensweisen wäre eine bittere Niederlage, die im Berufsleben vermutlich weitere Schwierigkeiten auslöst.

Klarer Kurs von Führungskräften

Führungskräfte auf allen betrieblichen Ebenen werden einen klaren Kurs steuern, denn ihnen ist bewusst: Wer klar redet und eine unmissverständliche Positionierung einnimmt, erfährt Akzeptanz und Respekt. Die generelle Richtung wird nicht bei den ersten Widerständen aufgegeben, sondern ermöglicht den Beteiligten, dank der Kontinuität und Verlässlichkeit den festen Boden unter den Füßen nicht zu verlieren.

Sie bleiben am Ball, auch wenn der Weg zum Idealzustand mit Schwierigkeiten gepflastert ist. Möglicherweise auftretende Enttäuschungen werden Sie wegstecken und Ihren Blick optimistisch in die Zukunft richten. In diesen Phasen gilt das chinesische Sprichwort:

> Fürchte dich nicht vor dem langsamen Vorwärtsgehen,
> fürchte dich nur vor dem Stehenbleiben.

WIE SOLLTE MIT FEHLERN UMGEGANGEN WERDEN?

Jedes Firmenmitglied hat den Ehrgeiz, fehlerfrei zu arbeiten und sich über seine beruflichen Erfolge zu freuen. Dennoch passieren immer wieder unbeabsichtigt Fehler. Realität ist, dass es keinen fehlerfrei arbeitenden Menschen gibt, selbst wenn ihm der Ruf vorauseilt, ein Perfektionist zu sein. Begegnen Sie deshalb allen Kollegen, Mitarbeitern und Führungskräften bei einem Fehler mit Respekt und auf Augenhöhe, nämlich so, wie Sie bei einem eigenen Fehler von Ihrer Umgebung behandelt werden möchten.

Sorgen Sie in Ihrer Arbeitsumgebung für ein Klima des Vertrauens und der Wertschätzung. Bei diesem erstrebenswerten Klima müssen Fehler aus Angst vor Repressalien weder verschwiegen, abgestritten, geleugnet noch vertuscht werden. Wird offen mit einem Fehler umgegangen, ist dies als Zeichen eines gesunden Selbstvertrauens zu werten.

Einerseits sind Fehler für Misserfolge und Schäden verantwortlich, andererseits können sie zum Erfolg beitragen, wenn konstruktiv mit ihnen umgegangen wird. Begreifen Sie Fehler als Lernchancen. Sie ermöglichen Ihnen, Neues und Unerwartetes zu entdecken, auszuprobieren und daran zu wachsen. Der veränderte Blickwinkel bringt Sie auf neue Ideen, erweitert den Handlungsspielraum und macht Innovationen möglich. Die veränderte Fehlerkultur darf aber nicht als Freibrief für schlampiges Arbeiten interpretiert werden. Sicherheit und Qualität müssen oberste Priorität bleiben.

Die erste Frage nach Erkennen eines Fehlers sollte nicht lauten „Wer hat Schuld?“, sondern: „Was hat Schuld?“ Gehen Sie besser nicht auf die Jagd nach dem Sündenbock, dem der Fehler in die Schuhe geschoben werden kann, sondern fahnden Sie nach den Fehlerursachen. Häufig sind Fehler nicht einer Person zuzuordnen, sondern haben ihre Ursache im System (z. B. mangelnde Kommunikation im Team oder mit dem Vorgesetzten, eine ungeeignete Arbeitsplatzausstattung, Fehler von anderen Mitarbeitern, ungeeignete Arbeitsanweisungen).

Tragen Sie die Verantwortung für einen Fehler, werden Sie das Missgeschick nicht verschweigen oder vertuschen, sondern umgehend Ihren Vorgesetzten informieren. Je früher die Notbremse gezogen wird, umso größer ist die Chance, gegenzusteuern und negative Auswirkungen zu begrenzen oder gar nicht erst zum Tragen kommen zu lassen. Eine schnellstmögliche Korrektur eines Fehlers kann Schlimmeres verhindern.

Jeder Betriebsangehörige muss sich an die Null-Wiederholfehler-Regel halten. Kein Unternehmen schaut tatenlos zu, wenn ein Mitarbeiter nach erfolgten Korrekturgesprächen immer wieder in die gleichen Fettnäpfchen tritt. Bald wird der Wiederholungstäter als lern- und entwicklungsresistent eingeordnet und muss mit Sanktionen bis hin zu sozialer Ausgrenzung rechnen.

Entdecken Sie bei anderen Firmenangehörigen gravierende Fehler, machen Sie sensibel und zurückhaltend auf den beobachteten Fauxpas aufmerksam. Vermeiden Sie den Eindruck, sich als Besserwisser in den Aufgabenbereich des Kollegen einmischen zu wollen. Andererseits sind Sie für Warnhinweise von Kollegen aufnahmebereit und dankbar.

Hans-Jürgen Kratz
ist erfolgreicher Fachbuchautor und veröffentlichte zahlreiche Bücher zu den Themen Mitarbeiterführung, Selbstmanagement und Kommunikation. Er war langjährig als Führungskraft mit unterschiedlichen Schwerpunkten tätig. Seit 1995 arbeitete er als freier Trainer und Dozent und vermittelte sein Wissen in mehr als 600 Seminaren.

Weitere Titel von Hans-Jürgen Kratz bei metro**politan**:

Erfolgreich führen von A–Z
Für gute Vorgesetzte und zufriedene Mitarbeiter
ISBN 978-3-96186-000-5

Mensch Mitarbeiter!
Der richtige Umgang mit Besserwissern, Frustrierten, Perfektionisten, Querulanten, Mobbern und Co.
ISBN 978-3-96186-014-2

Chef-Checkliste Mitarbeiterführung
111 wichtige Regeln für mehr Führungskompetenz
ISBN 978-3-96186-010-4

Ich mach das jetzt!
Mehr Erfolg durch weniger Aufschieben und besseres Zeitmanagement
ISBN 978-3-96186-007-4

Lächeln, nicken, kontern
Lassen Sie sich von Angreifern, Großmäulern und Besserwissern nicht unterbuttern
ISBN 978-3-96186-043-2

Literaturhinweise

Berner, Winfried: Culture Change – Unternehmenskultur als Wettbewerbsvorteil, Schäffer-Poeschel 2019.

Bloch, Arthur: Gesammelte Gründe, warum alles schiefgeht, was nehegfeihcs kann!, Goldmann 1985.

Demann, Stefanie: Fehlerintelligenz, Offenbach 2013.

Fiegler, Malte: Risiken im Griff und für den Notfall gewappnet, Deutsche Gesellschaft für Qualität 2015.

Förster, Nikolaus: Meine größte Chance, Impulse Medien 2017.

Kratz, Hans-Jürgen: Führungsaufgabe Kontrolle, Gabal 2015.

Schaefer, Jürgen: Lob des Irrtums, btb Verlag 2016.

Schüttelkopf, Elke M.: Lernen aus Fehlern, Haufe 2019.